‖ 인문교양총서 13

자연을 닮은 생명 이야기

●

이 재 열

저자 이재열__ 경북대학교 자연과학대학 생명과학부

과학자들은 자신이 알고 있는 지식을 쉬운 말로 풀어서 많은 사람들이 즐거운 마음으로 이해할 수 있도록 해주어야 한다. 그것이 바로 과학의 대중화이며, 더 나아가 대중의 과학화라는 결과로 이어지기 때문이다. 저자 이재열은 많은 사람들이 어렵다고 생각하는 과학 그 가운데에서도 생명과학에 대해 이야기하듯이 쉽게 풀어 설명하고자 이 책을 썼다. 저자 생각과 노력이 많은 사람들에게 조금이나마 생명과학이라는 학문 내용과 함께 생명 그리고 삶을 이해하는 데 도움이 되기를 바란다.

주요 저서로는 『보이지 않는 질서』, 『담장 속의 과학』, 『보이지 않는 보물』, 『바이러스, 삶과 죽음 사이』, 『우리 몸 미생물 이야기』, 『자연의 지배자들』 등 과학에 관한 책이 있으며, 그 외에 『불상에서 걸어나온 사자』가 있다.

경북대 인문교양총서 ⑬

자연을 닮은 생명 이야기

초판 인쇄 2012년 1월 25일
초판 발행 2012년 1월 31일

지은이 이재열
기 획 경북대학교 인문대학
펴낸이 이대현
편 집 이소희 권분옥 박선주
디자인 이홍주
마케팅 박태훈 안현진

펴낸곳 도서출판 역락
주 소 서울시 서초구 반포4동 577-25 문창빌딩 2층
전 화 02-3409-2060(편집), 2058(마케팅)
팩 스 02-3409-2059
등 록 1999년 4월 19일 제303-2002-000014호
전자우편 youkrack@hanmail.net

값 9,000원
ISBN 978-89-5556-962-9 04470
      978-89-5556-896-7 세트

인문교양총서 013

자연을 닮은 생명 이야기

이재열 지음

역락

　겨우내 얼었던 개울물이 풀리고 물 흐르는 소리와 함께 개울가 버들개지에 새싹이 돋아나는 생명의 봄이다. 추운 날 동안에 움츠러들었던 나무와 풀이 슬며시 고개를 내밀고 푸른 얼굴에 밝은 미소를 머금고 있다. 이때쯤이면 어김없이 시골 할머니들이 들에 나가 손수 캐온 봄나물을 보따리에 챙겨서 장날에 들고 나와 푼돈을 마련한다. 도시에서는 좀처럼 마주하기 어려운 온갖 봄나물 종류가 할머니들의 손에 이끌려나와 장마당을 채운다. 겨우내 추위를 견디고 새싹을 틔운 봄나물은 장마당에 나와서까지 풋풋한 생명의 냄새를 풍기며 장마당 가득히 생명의 빛을 비추고 있다.

　예전부터 장마당을 가득 채운 싱싱한 푸성귀들은 생명의 냄새와 빛을 펼치며 장을 찾은 사람들에게 생명의 힘을 골고루 나누어주고 있다. 생명의 냄새를 한껏 내뿜는 봄나물은 자신을 팔려고 보따리에 싸들고 나온 할머니의 주름진 얼굴에도 화색이 돌게 만들뿐만이 아니라 싱싱한 봄나물을 가져다 식구들에게 봄 향기를 넣어주고자 하는 아주머니의 얼굴에까지 해맑은 웃음을 만들어준다. 이처럼 봄나물이 온 세상에 펼쳐내는 봄의 향기는 봄나물을 파는 할머니와 봄나물 냄새를 건네받는 아주머니를 비롯하여 장마당을 찾아와 즐겁게 장보는 모든 사람들에게 싱싱한 봄의 생명력을 전해주고 있다.

봄나물은 그저 봄에 먹는 하나의 먹을거리로만 간단히 끝나지 않는다. 봄나물에서 우러나오는 싱싱한 생명력은 사람들의 마음을 훈훈하게 녹여주고 또한 새싹이 전해주는 풋풋한 생명의 힘을 사람들에게 불어넣어준다. 겨우내 웅크렸던 온갖 풀과 나무들이 잠을 깨고 기지개를 펴듯이 눈비비고 일어나는 봄이라는 계절은 다른 모든 생물들에게도 무한한 생명의 힘을 느끼게 해준다. 이처럼 충만한 봄의 생명력은 우리도 함께 온몸으로 느낄 수 있는 것도 어쩌면 봄기운이 충만한 대지에서 우러나오는 봄나물의 향기 때문이 아닌가 생각해본다.

한껏 충만한 봄의 기운을 타고난 봄나물은 그냥 한번 먹는 것으로만 끝내기에는 어딘가 아쉬운 한 구석이 있다. 이를테면 할머니가 산골짝 개울가에서 뜯어다 장마당에서 파는 돌미나리 줄기 몇 개를 골라 물을 담은 그릇에 꽂아두면 며칠 만에 하얀 뿌리가 나온다. 그만큼 돌미나리가 싱싱하다는 뜻이고 그만큼 싱싱한 생명력을 가진 것이라고 할 수 있다. 싱싱한 것은 굳이 말하자면 한두 가지만이 아니다. 뿌리만 남기고 뜯어온 여러 종류의 봄나물도 물에 잠시 담가두면 시들해 보이던 이파리들이 어느 사이엔가 싱싱한 모습으로 바뀌어 있다. 이처럼 봄나물이 우리에게 보여주는 모습은 모두가 생명을 가진 것들의 아름다운 모습이다.

사람들이 모여 함께 살아가는 모습도 봄나물이 보여주는 싱싱한 생명력에 못지않은 아름다운 향기를 뿜어내는 경우가 많이 있다. 웬만한 나이의 아주머니라면 어렸을 적에 들판에서 봄나물을 캐본 경험을 가지고 있다. 그러기에 기회만 주어진다면 옛날의 기억을 더듬어 한나절만 수고하면 봄나물을 한바구니 정도는 무난히 캘 수 있을 것이다. 내가 아는 젊은 새댁이 아토피로 고생하는 아이 때문에 전원생활을 하게 되었다. 이웃집 할머니가 숲속에서 자란 쑥을 뜯어다 장에 내다 팔아 용돈을 버는 것을 보고 도시 아주머니들에게 우연히 그 할머니 이야기를 하였다.

숲속에서 깨끗하게 자란 여린 쑥이기에 품질만큼은 확실히 보장할 수 있는 좋은 먹을거리가 아니겠는가! 젊은 새댁이 전해준 할머니 이야기를 들은 아주머니들은 하루 날을 잡아 쑥을 캐러가자고 하면서 옛날 추억을 되살려 들뜬 마음이 되었다. 그런데 젊은 새댁의 대답은 의외로 간단했다. '그러지 말고 할머니에게 돈 주고 사라'는 것이었다. 예상한 답이 아니기에 섭섭한 마음을 지울 수 없는 아주머니들에게 젊은 새댁이 차분히 설명하는 내용은 다음과 같은 이유였다.

우선 첫 번째 이유로는 아주머니들도 얼마든지 쑥을 캘 수 있지만, 아무래도 아주머니들은 가까운 곳에서 쑥을 캘 것이니 아주머니들이 쑥을 캐고 나면 할머니는 더 먼 곳으로 나아가 다른 쑥을 캘 것이라 할머니가 더 힘들어할 것이라는 점이다. 다음으로 할머니가 쑥을 캐는 것은 얼마 되지 않은 용돈을 만들고자 하는 일인데, 아주머니들이 직접 캐면 할머니가 용돈 버실 기회가 사라지는 것이라는 것이었다. 설명을 듣고 난 아주머니들이 '그래 맞다' 하면서 할머니 용돈을 모아 드렸더니, 할머니는 더욱 신이 나서 젊은 새댁을 통해 더 많은 양의 쑥을 캐다 주었다는 이야기다.

사람들이 살아가는 방법에는 여러 가지가 있지만, 그 가운데 어느 것 하나라도 중요하지 않은 것은 없다. 사람이 사는 데에 먹는 것을 빼놓을 수 없지만, 어떤 종류의 먹을거리를 어떻게 먹느냐에 따라 사람들의 모습이 달라진다. 우리는 모두 아름답게 살고자 노력하는 것이기에 우리 삶에서도 향기가 우러나오기를 바라는 바이다. 아름답고 귀한 사람들의 모습을 지키기 위해서는 어떻게 살아야 하는 것인가? 그야말로 싱싱한 생명력과 풋풋한 삶의 향기를 내놓으며 살아가는 우리의 삶은 자연의 생명력을 벗어나서는 생각할 수조차 없다. 그렇다면 자연을 닮은 생명 이야기라는 것은 바로 우리가 꿈꾸는 아름답고 귀한 삶의 이야기로 이어지는 것이라고 할 것이

다. 이제 자연에서부터 우리에게 다가오는 생명의 힘을 마음
가득히 느끼며 우리가 꿈꾸는 아름다운 삶의 이야기를 시작
해 보기로 하자.

2011년 12월

지은이 이재열

차례

1. 달콤한 단맛 이야기

단맛을 찾아서

"세상에 단맛을 싫어하는 사람들도 있을까?" 이런 생각을 하는 것은 어쩌면 쓸데없는 생각일지 모른다. 왜냐하면 단맛이 나는 것은 누구에게나 맛있는 먹을거리로 생각하기 마련이고, 한번이라도 단 것을 먹어본 사람이라면 그 달콤한 맛을 잊지 못하고 또다시 찾기 때문이다. 누구라도 살아있는 동안에 단맛을 가진 음식을 먹어보지 않은 사람은 한 사람도 없을 것이고, 단맛을 경험한 사람들은 거의 모두가 달콤한 맛을 지닌 음식을 즐겨먹기 마련이다.

요즈음 우리가 먹는 음식 가운데에는 단맛을 내는 종류가 많이 있다. 우리 주변에서 가장 쉽게 구할 수 있는 사탕을 비롯하여 초콜릿과 아이스크림은 물론이거니와 여러 종류의 과자와 과일들이 단맛을 가진 것들이다. 그렇지만 지금보다도 훨씬 전에는 단맛을 내는 음식들이 그리 많지 않았다. 그러기에 단맛을 내는 음식이라면 주로 과일을 먹을 수밖에 없었다. 한여름부터 가을에 이르기까지 여러 종류의 과일을 먹는다는 것은 단순히 계절의 맛을 즐긴다는 것도 있지만, 그보다도 사람들에게는 단것을 먹는다는 것 자체가 크나큰 삶의 즐거움이었다. 지금도 여전히 봄부터 나오는 여러 가지 과일을 먹는다는 것은 많은 사람들에게 배고픔을 면하기보다는 오히려 즐거움을 가져다준다. 딸기로부터 시작하여 복숭아, 자두, 수박, 참외, 포도, 사과, 배, 감, 귤에 이르기까지 달콤한 과일의 맛과 향은 생각만 해도 즐겁다.

여러 가지 달콤한 맛의 과일은 계절의 영향을 받기 마련이므로 사람들이 아무 때나 원하는 때에 먹을 수 있는 것이 아니다. 그래서 사람들은 달콤한 맛을 가진 과일을 오랫동안 저장해 놓고 먹고 싶을 때에 가져다먹는 방법이 없을까 생각해 보았다. 그래서 사람들이 찾아낸 방법은 과일을 말리거나, 얼리거나, 절이는 등의 방법을 이용하고자 하였다. 그렇지만 이들 가운데 어떤 방법이라도 싱싱한 과일의 단맛을 그대로 유지하는 것은 아무래도 어려운 일이었다. 그러다가 사람들이 생각해낸 또 다른 방법은 단맛이 나는 여러 가지 음식을 만들어먹는 것이었다.

옛사람들이 생각해낸 이러한 단맛이 나는 음식은 그야말로 삶의 지혜라고 말할 수 있다. 누구나 즐겨먹을 수 있는 달콤한 맛을 가진 이런저런 음식은 거의 모두가 단맛을 내는 재료를 넣어 만든다. 단맛을 내는 음식 재료에는 여러 가지가 있지만, 이들을 통틀어 감미료(甘味料)라고 부른다. 감미료는 말 그대로 단맛을 내는 재료라는 뜻이니 차라리 '단맛 재료'라고 불러도 괜찮을 것 같다. 집에서 만들어먹는 음식은 물론이거니와 음식점과 가게 그리고 마트나 백화점에서 파는 과자나 음식에는 모두 달콤한 맛을 내기 위해 많거나 적거나 이런 단맛 재료가 들어간다.

여러 가지 감미료 중에서도 가장 널리 알려진 것은 설탕(雪糖)이다. 설탕은 그야말로 우리 생활 속에서 단맛을 내는 가장 대표적인 단맛 재료이다. 이처럼 대표적인 단맛 재료인 설탕이 어떤 것인지 한번쯤 알아보는 것도 괜찮은 생각이다. 설탕이란 간단히 말하자면 더운 지방에서 잘 자라는 사탕수수를 많이 재배하여 그 즙액을 짜 모아 큰 솥에 담고 불을 때어 졸이면서 물기를 빼어 만든 것이다. 우리가 집에서 쉽게 볼 수 있는 설탕은 보통 유리병이나 플라스틱 통에 담겨있는 가루 모양이다. 그리고 설탕 색깔은 대부분 흰색이지만, 가끔은 노르스름한 색깔을 띠는 것도 있다. 물론 거무스름한 색깔의 설탕도 있으므로 색깔에 따라 설탕 종류도 백설탕, 황설탕 그리고 흑설탕으로 나누기도 한다. 설탕 원료를 가공하는 동안에 깨끗한 것만 모으면 이것이 백설탕이고, 조금 거칠게 가공하여 색깔이 조금 남으면 이것은 황설탕이며, 원래 재료를 그대로 물기만 빼고 졸여 설탕으로 만들면 흑설탕이 된다고 보아도 크게 틀리지 않다.

음식을 조리하면서 달콤한 맛을 내고자 할 때나 또는 커피나 차를 마실 때에 통이나 병에 담아둔 설탕가루를 조금씩 쏟아 붓거나 또는 숟가락으로 조금씩 떠 넣기도 한다. 물론 이런 설탕가루를 가느다란 봉지에 담아 한 번씩 쓰기 좋게 일회용 포장으로 만들어놓고 놓기도 한다. 가루 형태의 설탕은 봉지에 담는 것 말고도 또 다른 사용 방법이 있다. 설탕가루를 1센티미터 정도의 크기인 주사위 모양으로 뭉쳐 하나 또는 두 개씩 종이에 싸서 다루기 쉽도록 포장한 것이 각설탕이다. 포장 종이를 벗기고 각설탕 한 덩이를 집어 찻잔에 쏘옥 넣어주면 끝이니 너무나 간편한 사용 방법이다.

커피가루와 커피크림 그리고 설탕가루를 기다란 종이 봉지에 함께 넣어 일회용으로 포장한 커피믹스(coffee-mix)는 아마도 우리에게 가장 친숙한 일회용 제품이다. 설탕을 적게 먹으려는 사람들은 설탕이 들어있는 봉지 끝 부분을 손가락으로 누른 채 내용물을 쏟으면 설탕만 봉지 안에 남는다. 봉지 끝에 설탕 조절 부위라고 써놓아 원하는 대로 조절하게 만든 것도 산뜻한 아이디어이다. 일회용 봉지 커피에 단단히 맛들인 사람들은 손수 집에서 커피를 타더라도 그 맛이 나지 않는다고 한다. 그래서 오랫동안 외국에 다녀오려는 사람이거나 또는 오랫동안 이 땅에 살던 외국인이 자기 나라로 되돌아 갈 때에 일회용 커피를 한 보따리 마련해 가기도 한다. 왜냐하면 외국에는 우리나라에서 파는 일회용 포장 커피가 없기 때문이라고 한다. 그런데 요즈음에는 일회용 포장 커피도 찾는 사람이 많아 외국으로 나가는 수출품 목록에 들어있다고 한다. 이처럼 사람들이 한번 맛들이게 되면 쉽게 잊을 수 없는 것이 바로 음식 맛이고 또한 그것이 사람들의 입맛이다.

설탕은 이처럼 누구나 좋아하는 단맛을 내는 대표적인 재료이지만, 집에서 설탕을 숟가락으로 그대로 떠먹는 사람은 거의 없다. 혹시라도 아이들이 집에서 단 것이 먹고 싶어 설탕을 숟가락으로 떠먹을라치면 어머니는 엄하게 야단을 칠 것이다. 도대체 왜 그러는 것일까? 아마도 거기에는 분명한 이유가 있다. 우선 설탕을 먹으면 입을 통해 들어가게 되니 어쩔 수 없이 설탕 성분이 조금이라도 이에 붙어있기 마련이다. 거울 앞에서 입을 벌린 채로 아무리 꼼꼼히 거울 속의 입을 들여다보아도 가지런히 나있는 이밖에 다른 것을 찾아볼 수 없다. 설탕이 남아있다 하더라도 금방 녹아버려 눈으로는 볼 수 없으니 더욱 그러하다. 그래서 우리는 이가 깨끗하다고 생각하며 입을 닫아버린다. 그리고는 더 이상 설탕에 대해서는 생각도 하지 않는다. 정말 그것으로 모든 것이 끝난 것일까?

우리가 살고 있는 이 세상에는 눈으로 볼 수 없는 아주 작은 생물들이 많이 있다. 이들의 크기가 너무 작아 우리 눈으로는 볼 수 없을 뿐이다. 우리 눈에 보이지 않을 정도로 작은 생물이기에 사람들은 아예 없는 것처럼 생각하기 쉽다. 한 가지 예를 들자면 우리는 30센티미터(cm) 자를 자주 보는데, 거기에는 1센티미터 길이가 30개나 그려져 있다. 또한 1센티미터 안에는 10개로 나뉜 작은 눈금이 있다. 이 작은 눈금 하나를 우리는 1밀리미터(mm)라고 부른다. 그런데 1밀리미터의 작은 눈금을 다시 10개로 나눈다고 할 때, 그 하나를 우리가 눈으로 구별하기는 너무나 어렵다. 그 눈금 하나는 우리 눈에 보일까 말까 하는 정도로 아주 작은 크기이기 때문이다. 따라서 우리는 이 작은 크기인 0.1밀리미터를 눈으로 볼 수 있는 한계점이라 하고 줄여서 육안한계점(肉眼限界點)이라 말한다. 물론 0.1밀리미터는 다른 크기로 말하면 100마이크로미터(㎛)라고도 한다. 1밀리미터는 1,000마이크로미터이기 때문이다.

여기서 잠깐 짚고 넘어갈 단어가 있다. '센티'라는 말과 '밀리'라는 말 그리고 '마이크로'라는 말이 나오는데, 센티는 100분의 1이라는 뜻이고, 밀리는 1,000분의 1이라는 뜻이며, 또한 '마이크로'는 1,000,000(백만)분의 1이라는 뜻을 나타낸다. 그러니까 '밀리'와 '마이크로'는 각각 1,000분의 1과 1,000,000분의 1이며, '나노'라는 말은 1,000,000,000(십억)분의 1을 나타낸다. 이처럼 숫자를 나타낼 때에는 세 자릿수를 단계로 '밀리', '마이크로', '나노'로 표시하고 있으니, 이들 관계를 기억해두면 편리하게 사용할 수 있다.

수를 나타내는 말 가운데에는 아래로 작아지는 수도 있지만, 세 자릿수 단계로 커지는 수도 있다. 이를테면 1,000(천)배를 뜻하는 수는 '킬로'이고 1,000,000(백만)배를 뜻하는 수는 '메가'이며 1,000,000,000(십억)배를 뜻하는 수가 '기가'이며 그 외에도 '테라' 등의 수도 있다. 그런데 우리말에서는 서양의 경우처럼 세 자릿수로 커지는 것이 아니라 만(萬, 1×10^4), 억(億, 1×10^8), 조(兆, 1×10^{12}), 경(京, 1×10^{16}), 해(垓, 1×10^{20})처럼 네 자릿수 단계로 커진다. 이처럼 수를 계산할 때에 세 자릿수 단계로 커지는 것은 서양에서의 표현이고, 우리말에서는 네 자릿수 단계로 커진다는 사실을 알고 있으면 큰 수를 비교할 때에 큰 도움이 된다. 예를 들자면 우리 화폐 단위인 원(₩)을 미국의 달러($)와 비교할 때에 1000원을 1달러로 보고 1억 원을 10만 달러로 바꾸면 쉽게 계산할 수 있다.

우리 눈으로 볼 수 없는 작은 크기의 생물들이 있다는 것을 앞에서 잠깐 이야기하면서 우리 눈으로 구별할 수 없는 크기가 0.1밀리미터라고 하였다. 그렇다면 이렇게 작은 크기의 생물은 분명히 0.1밀리미터보다도 작은 크기일 것이다. 그렇다. 이처럼 아주 작은 크기의 생물을 우리는 미생물이라고 부른다. 한자로 작을 미(微) 자를 덧붙여 쓰고, 영어로는 작다는 뜻을 가진 마이크로(micro)라는 말을 붙여 쓴다. 그래서 미생물은 한

자말로는 미생물(微生物), 영어로는 마이크로오르가니즘(micro-organism)이라고 한다.

미생물은 눈으로 볼 수 없는 아주 작은 크기이므로 당연히 특별한 도구를 이용해야 겨우 볼 수 있다. 그러한 도구가 바로 현미경이다. 모두가 잘 알고 있는 것처럼 현미경은 여러 개의 렌즈를 합쳐놓아 작은 것을 크게 확대해서 우리 눈으로 볼 수 있도록 한 기계이다. 현미경은 눈을 가까이 대고 보는 대안렌즈와 물체에 가까이 대고 보는 대물렌즈로 이루어졌는데, 이들의 배율을 곱해주면 현미경의 배율이 된다. 성능이 좋은 현미경의 대안렌즈 배율은 보통 10배 정도이고, 대물렌즈의 배율은 50배나 100배 정도이다. 따라서 좋은 현미경을 이용하면 미생물을 1,000배 정도로 크게 확대해 눈으로 볼 수 있다.

미생물의 종류는 일반적으로 곰팡이, 세균, 바이러스의 세 가지로 구분한다. 오래 전부터 사람들은 미생물이 병을 일으키는 원인이라는 사실을 알고 이들을 병원미생물이라고 하였으며, 미생물의 구분도 병원미생물의 종류에 따라 나눈 것이다. 이들 미생물 가운데에서도 병을 일으키는 미생물로 널리 알려진 종류는 세균이다. 세균을 영어로 박테리아(bacteria)라고 부르니, 세균과 박테리아는 결국 같은 말이다. 그런데도 어떤 사람들은 세균과 박테리아가 서로 다른 종류의 미생물인줄 착각하는 경우도 있다.

미생물의 일종인 세균의 실제 크기는 수 마이크로미터 정도에 불과하다. 우리 몸에 살고 있는 대장균이나 김치 또는 요구르트 안에 들어있는 유산균도 모두 세균들이니 이들의 크기는 종류가 다르더라도 서로 간에 큰 차이가 없다. 우리가 가끔 현미경으로 세균을 들여다보면 세균들이 굉장히 크게 보일 것으로 기대하지만 실제로는 그렇게 크게 보이지 않는다. 왜냐하면 몇 마이크로미터 크기의 세균을 1,000배 정도로 확대하더라도 결과는 몇 밀리미터 크기에 불과하니까 그럴 수밖에 없다. 그러므로 사람들이 현미경으로 미생물을 보면 굉장히 크게 보일 것이라는 생각은 하나의 착각에 불과한 것이다. 과학은 이러한 사람들의 착각을 바로잡아주는 역할을 하는 것이다.

단맛을 찾다가

설탕은 물에도 잘 녹는다. 음식에 들어간 설탕도 물에 녹는 것처럼 잘 녹아 있다. 이처럼 물에 녹은 설탕이 음식에 섞여 입안으로 들어갔다가 목구멍 너머로 삼켜지면서 조금이나마 입안에 남게 되고, 또한 입안에 남은 설탕이 이에 달라붙기도 한다. 그렇지만 사람들은 입안에 설탕이 남아있다거나 또는 이에 붙어있다는 것을 쉽게 느끼지 못한다. 왜냐하면 물에 녹은 설탕은 더 이상 우리 눈에 보이지 않고 또한 단맛으로 느끼기도 어렵기 때문이다. 이와 마찬가지로 눈에 보이지 않은 미생물인 세균이 입안에 자리를 잡고 있더라도 우리는 잘 알지 못한다. 물에 녹은 설탕처럼 우리가 눈으로 볼 수도 없고 무게를 느끼지도 못하기 때문이다.

그런데 얼마동안의 시간이 지난 다음에 하얀 이에 검은 점이 나타나기도 하고, 단단한 이에 구멍이 뚫리기도 하며, 더 나아가 점점 이가 시림을 느끼게 할 때도 있다. 이는 쉽게 말해서 충치가 생긴 것이다. 아니 단단한 에나멜질에 구멍이 뚫리고 아파오는 이유가 도대체 무엇 때문일까? 치과의사 선생님과 부모님은 이가 아프다는 아이들에게 하나같이 단 것을 먹은 후에 이를 잘 닦지 않아서 그렇다고 말한다. 이런 설명이 틀린 이야기가 아니다. 그뿐만 아니라 입은 모든 음식물이 거치는 통로이고, 또한 눈에 보이지 않는 미생물들이 북적거리며 살고 있는 곳이니, 입안에는 충치를 만드는 미생물도 분명히 자리 잡고 있다. 입안에 있는 여러 종류의 세균들 가운데 스트렙토코쿠스 뮤탄스(*Streptococcus mutans*)라는 균은 이 겉면을 좋아해서 그곳에 자리 잡고 있으며, 스트렙토코쿠스 살리바리우스(*Streptococcus salivarius*)라는 균은 혀의 표면을 좋아해서 혓바닥에 자리 잡고 살고 있다. 이 가운데에서도 뮤탄스 균은 충치를 만드는 원인균으로 널리 알려져 있다.

입안에 살고 있는 미생물도 비록 크기는 작더라도, 생물이기는 마찬가지이니 먹을거리가 있어야 살 수 있을 것이다. 크기가 크건 작건 모든 생물은 먹지 않고서는 살아갈 수가 없기 때문이다. 게다가 좋아하는 음식이 있다면 남의 눈치를 보지 않고 맛있게 먹어치우는 것도 미생물의 한 가지 특징이라고 할 수 있다. 특별히 이에 붙어사는 뮤탄스 균은 우리가 단것을 좋아하는 것만큼이나 ─ 아니 어쩌면 그보다도 더 ─ 단것을 좋아한다. 그러기에 뮤탄스 균은 단것이 있으면 거침없이 먹고 난 다음에는 시큼한 맛을 가진 '산(酸)'이라는 물질을 내놓아 이를 썩게 만든다.

이에 붙어사는 뮤탄스 균이 내놓는 '산'이라는 물질은 돌처럼 단단한 물질도 녹일 수 있다. 이의 겉 부분도 돌처럼 단단한 에나멜질인 사기질로 이루어졌는데, 뮤탄스 균이 내놓는 '산' 성분이 단단한 이를 조금씩 녹여낼 수 있다. 시간이 지나면서 조금씩 녹아난 이에 구멍이 생기게 되어 마지막에는 충치가 된다. 겉에서부터 뚫린 구멍이 이 안쪽으로 커지면서, 결국에는 이 안에까지 구멍이 뚫리고, 이렇게 만들어진 충치가 신경을 건들이면서 사람들은 아픔을 느끼는 것이다.

충치 때문에 고생하지 않으려면, 치과의사나 부모님이 일러주는 대로 음식을 먹은 다음에는 반드시 이를 닦아 입안의 음식물 찌꺼기를 없애는 동시에 충치 원인균인 뮤탄스 균도 더 이상 일을 못하게 만들어야 한다. 그러나 충치를 예방하기 위해서 무엇보다도 중요한 일은 단맛을 내는 설탕을 그만큼 적게 먹어야 한다. 그렇지만 사람들은 설탕이나 설탕이 들어간 음식을 먹지 않고 견디기가 좀처럼 쉬운 일이 아니다. 우선 누구나 단맛에 대한 유혹을 떨쳐내기가 쉽지 않고, 게다가 단맛을 내는 설탕은 알게 모르게 음식 속에 조금씩이라도 들어가 있으므로 음식을 먹을 때마다 자신도 모르게 먹게 되기 때문이다.

충치 예방을 위해서라면 음식에 단맛이 나는 설탕을 넣지 않으면 될 터이지만, 그러나 음식에서 설탕을 완전히 빼버리면 음식 맛을 제대로 내기가 어려울 때도 있다. 그래서 요즈음에는 설탕 대신에 단맛을 내는 다른 물질을 음식에 넣기도 한다. 이를테면 나무나 풀 같은 식물에서 단맛 성분을 뽑아낸 것을 이용하거나 사람들이 인공적으로 만들어낸 감미료를 이용하는 것이 그러하다. 예를 들자면 설탕 대신에 자작나무에서 뽑아낸 자이리톨(xylitol)을 넣은 껌은 이미 잘 알려진 상품 가운데 하나이다. 자이리톨이 들어간 껌에는 설탕이 없으므로 사람들이 이 껌을 씹으면 충치를 일으키는 뮤탄스 균이 입안에 먹을거리가 없어서 더 이상 자랄 수가 없으므로 충치가 생기지 않는다는 설명이다.

충치를 예방하기 위해서라면 설탕을 먹지 않는 것이 확실한 방법이기는 하지만, 설탕을 끝까지 안 먹는다는 것이 결코 쉬운 일이 아니다. 게다가 설탕이 아닌 다른 종류의 단맛을 내는 재료가 있으면 다른 충치 균이 활개 칠 수도 있을 터이니, 그 또한 문제가 될 수도 있다. 이런 걱정이라면 아예 충치를 만드는 뮤탄스 균의 활동을 억제하거나 살지 못하게 하는 방법을 생각해볼 수도 있다. 실제로 충치 균인 뮤탄스 균의 생장을 억제하는 효과를 가진 다른 종류의 세균을 이용하는 방법이 알려져 있다. 김치에서 찾아낸 유산균의 일종인 락토바실루스 (*Lactobacillus*) 가운데 몇 종류는 충치 균을 자라지 못하게 하는 항균력을 갖고 있다. 그래서 이러한 락토바실루스 균이 들어 있는 배양액이나 추출액을 포함한 건강 보조식품이나 식품을 만들어 사람들에게 오랫동안 먹게 하면 충치 예방과 치료에 효과가 있다는 보고도 있다.

충치 예방을 위해서는 또 다른 방법으로 아예 충치 원인균인 뮤탄스 균을 없애는 방법도 생각해 볼 수 있다. 물론 균을 직접 죽이는 살균제를 뿌릴 수도 있지만, 사람들의 입안에 살균제를 뿌린다는 것이 바람직하지는 않다. 혹시라도 사람들이 살균제에 의해 또 다른 피해를 볼 수도 있기 때문이다. 그래서 영국의 어떤 과학자는 뮤탄스 균을 없애는 방법으로 예방주사를 생각했다. 입안에 자리 잡고 있으면서 충치를 만드는 뮤탄스 균이기에, 이 충치 균을 하나의 병원균으로 생각하고 이 균을 죽일 수 있는 예방주사를 만들자는 생각이었다.

물론 모든 병의 원인이 되는 병원균을 찾아내면 얼마든지 그 병원균에 대항하는 예방주사를 만들 수 있다. 예방주사는 한마디로 과학 기술의 발전에 따라 얼마든지 가능한 방법이다.

이렇게 해서 뮤탄스 균에 대한 예방주사를 만들고, 이 예방주사를 원숭이를 비롯한 다른 동물들에게 실험을 해보았더니 뚜렷한 효과가 나타났다. 물론 실험은 성공적이었고, 사람들에게도 예방주사를 마련할 수 있는 단계에까지 이르렀다. 그런데 이 과학자는 이처럼 유망한 연구를 갑자기 취소해 버렸다. 그 이유는 도대체 무엇일까?

뮤탄스 균에 대한 예방주사 제조는 과학과 기술의 발전에 따라 분명한 결과가 나타나는 성공적인 연구였지만, 그 과학자가 주저했던 생각은 의외로 아주 간단한 것이었다. 충치는 사람으로 하여금 죽음에 이르게 하는 정도의 위험한 질병이 아니라는 점이었다. 단순한 고통을 주는 데 불과한 충치 때문에 사람들이 정기적인 검진을 받고, 그 결과에 따라 예방주사를 접종해야한다는 것이 이 과학자의 마음에 걸렸던 점이었다. 과학과 기술의 발전도 중요하지만, 그보다도 먼저 사람을 위한 연구가 우선되어야 한다는 그의 생각을 우리는 한번쯤 되새겨보아야 할 것이다.

충치를 일으키는 뮤탄스 균은 거의 대부분 아기 때부터 사람들에게 감염되고 있다. 그것도 따지고 보면 아기를 보살피는 부모로부터 옮기는 경우가 많다고 한다. 아기에게 우유를 먹일 때에 가끔씩 우윳병의 고무젖꼭지가 막히는 경우가 있다. 이럴 때에는 엄마가 자연스레 고무젖꼭지의 막힌 구멍을 이로 깨물어 막힘을 풀고 아기에게 다시 물려준다. 또는 아기에게 이유식을 먹일 때에도 어머니는 자신도 모르게 숟가락을 입에 넣었다가 아기 입에 다시 넣어주는 경우기 많다. 이럴 때마다 어머니 입안에 있던 충치 원인균이 아기 입안으로 옮겨갈 수 있다. 침 한 방울에는 수천만 마리의 충치 균이 들어있다고 보아야 하는데, 이렇게 많은 충치 균들은 사람들의 눈에는 전혀 보이지 않으므로 이런저런 일은 충분히 일어날 수 있는 것이다.

사람들은 충치를 예방하기 위해 설탕을 먹지 않거나 먹더라도 아주 적은 양만 먹고자 한다. 그렇더라도 음식에서 단맛을 내야 할 때에는 설탕 대신에 단맛을 낼 수 있는 다른 대용 물질을 넣어야 한다. 이런 설탕 대용 물질로는 오래 전부터 사카린(saccharine)을 비롯하여 아스파탐(aspartame)이나 소르비톨(sorbitol) 등의 인공 감미료를 사용했다. 더욱이 인공 감미료는 설탕보다 몇 백 배 이상의 단맛을 내므로 조금만 음식에 넣어도 충분한 단맛을 낼 수 있다. 대표적인 인공 감미료인 사카린은 설탕의 500배나 되는 단맛을 낸다.

또한 설탕이 우리 몸에 흡수되어 필요한 에너지를 만들어내는 것과 비교하면, 인공 감미료는 우리 몸 안에서 설탕보다도 훨씬 적은 에너지를 만들어 낸다. 그래서 인공 감미료는 먹어도 살찌지 않는 다이어트 식품에 많이 이용하고 있다. 이처럼 설탕 대용 물질로 이용하는 인공 감미료는 나름대로의 장점을 가지고 있다. 그렇다고는 하더라도 설탕은 아직까지도 끊임없이 쓰이고 있으며, 게다가 전 세계적으로 설탕 사용량은 끊임없이 증가하고 있다. 이러한 이유는 설탕이 갖고 있는 분명한 장점이기도 한데, 설탕이 지닌 장점 중의 하나는 생물이 필요로 하는 에너지원이라는 점이다.

모든 생물들이 살아가는 데에는 에너지가 필요하다. 우리가 음식을 먹는 이유도 우리 몸에 필요한 에너지를 얻고자 함이다. 에너지 원료로 가장 먼저 이용하는 것이 바로 탄수화물인데, 탄수화물의 대표자격인 녹말은 전분이라고도 부른다. 그리고 이것은 당 분자가 사슬처럼 길게 이어진 물질이다. 그래서 우리가 먹은 녹말이 몸 안에서 분해되어 간단한 당 분자인 포도당이나 과당으로 바뀌고 이들이 다시 몸에 필요한 에너지를 만드는 것처럼, 설탕도 몸 안에서 포도당과 과당으로 분해되어 에너지를 만드는 과정이 모두 한결같다. 다만 설탕은 당 분자 두 개가 연결된 작은 크기이고, 녹말은 수많은 당 분자들이 사슬처럼 길게 이어진 것이 다를 뿐이다. 그리고 몸 안에서 필요한 에너지를 만들기에는 아무래도 간단한 당 분자로 끊어진 작은 크기의 설탕이 긴 분자의 녹말보다도 훨씬 효과적이다.

설탕은 우리 몸에서 에너지를 만드는 효과적인 원료이므로 분명히 우리에게 필요한 음식이다. 그러나 사람들이 설탕을 많이 먹으면 몸에 해롭다고 한다. 그 이유는 우리 몸 안에 필요 이상으로 많은 양의 영양분이 남아있으면 남는 만큼 우리 몸에 축적되기 때문이다. 몸 안에 축적되는 양분은 당 분자 그대로가 아니라 지방으로 바뀌어 축적되기 때문에 결국에는 비만으로 이어질 수 있다는 점이 문제이다. 한편으로는 몸 안에서 설탕이 분해되는 동안에 필요한 비타민 B1을 충분히 섭취하면 큰 문제는 없다고도 한다. 이렇게 따져 볼 때에 설탕을 많이 먹으면 몸에 해롭다는 것은 어떻게 골고루 영양을 섭취하는가에 따라 달라질 수 있는 문제이다. 설탕을 너무 많이 먹는 것은 분명히 좋은 것은 아니지만, 그렇다고 무턱대고 설탕 섭취를 끊어야하는 것도 아니다. 우리 건강을 위해서는 설탕을 너무 많이 먹기보다는 여러 가지 음식을 골고루 먹는 균형 잡힌 식습관이 더욱 중요하다고 하겠다.

설탕을 보면서

설탕은 우리가 먹는 음식을 만드는 데에 빼놓을 수 없는 재료이다. 그렇지만 설탕은 음식에서 단맛을 내는 중요한 역할 이외에도 또 다른 기능을 갖고 있어서 그저 단맛을 내는 단순한 감미료로 그치는 것이 아니다. 실제로 설탕은 음식 안에서 물을 빼기도 하고 붙잡기도 해서 음식의 성질을 바꿀 수 있다. 이처럼 설탕이 음식의 성질을 바꾸는 과정은 자연스런 조리 과정이라고 할 수 있다. 그렇더라도 설탕의 조리 과정에는 몇 가지 과학적인 사실이 들어있다.

　모든 생물체는 세포로 이루어져 있는데, 세포 안과 밖에서는 여러 물질이 녹아있으면서 일정한 농도를 유지하고 있다. 음식 재료 역시 식물이나 동물 같은 생물체이므로 역시 수많은 세포로 이루어져 있고, 이들 음식 재료에서도 세포 안과 밖의 물질 농도가 균형을 이루고 있다. 이때 물에 잘 녹는 설탕이 세포 바깥에 녹아있으면, 세포 바깥의 농도가 높아져 세포 안의 물이 빠져나갈 수밖에 없다. 설탕 농도가 높은 세포 바깥으로 물이 빠져나가는 것은 세포 안팎의 농도를 맞추려는 자연스런 물의 이동 현상이다. 이러한 현상을 우리는 '삼투압'이나 또는 '반투막 현상'으로 어렵지 않게 설명할 수 있다.

　한편 설탕은 물에 잘 녹는 성질을 갖고 있으며, 설탕이 물에 녹으면 끈적끈적한 점성을 나타낸다. 이처럼 설탕이 물에 녹아 끈적거리는 것은 마치 설탕이 물을 붙잡고 있는 것과도 같다. 우리가 먹는 반찬 가운데에서도 멸치볶음 같은 것은 설탕을 넣고 볶거나 졸인 것으로 끈적거리면서 서로 엉겨 붙는 모습을 하고 있다. 이러한 반찬처럼 설탕이 물을 붙잡는 것을 보수성이라고 한다면, 이와 반대로 물을 빼내는 것을 탈수성이라 할 수 있다. 설탕이 갖추고 있는 이들 성질을 이용하여 사람들은 음식을 오랫동안 보존하는 방법으로 이용하고 있다.

　음식 재료를 적당한 양의 설탕과 함께 졸이거나 절인 음식을 우리는 설탕조림이나 설탕절임이라고 부른다. 설탕을 넣은 이런 음식은 오랫동안 보존하려는 목적으로 설탕이 가진 탈수성을 이용한 것이다. 다른 한편으로는 높은 농도의 설탕액이 음식을 썩히는 미생물 증식까지 억제함으로써 음식을 오랫동안 보존하는 방법으로도 이용한다. 이때의 설탕은 특별히 식품 보존제나 방부제 역할도 하는 것이다. 이처럼 설탕은 그 자체로 단맛을 내는 감미료이면서도 식품 가공이나 식품 보존에 쓰이는 것은 물론이고 술을 빚거나 음료를 만드는 데에도 두루 쓰이니, 설탕은 우리 생활에 꼭 필요한 음식 재료 가운데 하나이다.

우리 생활에서 널리 쓰이는 설탕은 도대체 누가 어디에서 언제부터 만들었는지 궁금하다. 대체로 우리나라에서 설탕을 먹기 시작한 것은 그리 오래되지 않은 일제강점기 때부터라고 할 수 있다. 그 이유는 다음과 같이 설명할 수 있다. 설탕은 사탕수수 즙액으로부터 얻는데, 사탕수수는 날씨가 따뜻한 지역에서만 자라는 식물이다. 그러기에 우리나라 기후에서는 사탕수수가 자랄 수 없고, 따라서 예전에는 사람들이 설탕이라는 음식 재료가 있는지조차도 몰랐을 것이다. 이러한 설탕이 유럽에 처음 알려진 것은 알렉산더 대왕이 인도를 정복하러 갔을 때라고 한다. 그 때에 인도 사람들은 갈대 비슷한 줄기에서 단맛이 나는 것을 뽑아 먹고 있었다는 기록에서 실마리를 찾아볼 수 있다.

알렉산더 대왕의 활동 시기가 기원전 4세기경이니 그 이전부터 인도에서는 사탕수수를 재배하였고 덩어리 설탕을 만들었다고 볼 수 있다. 이처럼 설탕 제조는 인도에서 처음 시작하였다고 하더라도, 기원전 6000년경에 사탕수수는 뉴기니에서 재배되었다는 기록도 있다. 이로 보아 뉴기니는 물론이고 이와 비슷하게 따뜻한 지역인 인도네시아와 인도에 이르기까지 오래 전부터 사탕수수가 재배되어 사람들은 단맛을 즐겼다고 볼 수 있다. 그러다가 유럽인이 남아메리카를 식민지로 삼으면서 기후가 따뜻한 그곳에 사탕수수를 가져다 심었다. 요즈음에는 쿠바를 비롯한 카리브 해 지역과 브라질 등의 남미에서 사탕수수를 대량으로 재배하여 세계 곳곳으로 설탕 원료를 수출하고 있다.

유럽도 우리나라와 기후가 비슷한 온대지방이므로 사탕수수를 재배하기가 어렵기는 마찬가지다. 그래서 유럽에서는 사탕수수 대신에 사탕무를 재배하여 그로부터 설탕을 만들어내기도 하였다. 그러나 사탕무보다는 사탕수수로부터 설탕을 만드는 방법이 훨씬 경제적이니까 아무래도 유럽에서는 사탕무 생산이 그리 많지 않았을 것이다. 한편 캐나다에서는 사탕수수는 물론 사탕무도 아닌 단풍나무에서 달콤한 즙액을 얻어 음식 재료로 이용한다. 이것이 바로 사탕단풍 시럽이다. 캐나다 사람들은 사탕단풍 시럽을 단풍잎 모양으로 만든 유리병에 담아두고 잼처럼 빵에 발라먹기도 한다.

우리나라에서도 잠시 사탕무를 재배하여 설탕을 얻기도 하였지만, 경제성이 없어 그만두었다. 비교적 날씨가 따뜻한 우리나라 남쪽 지방에서는 '단 수수'라고 부르는 사탕수수의 일종을 재배하기도 했지만, 키도 작고 줄기 굵기도 가늘어 사탕수수와는 생산량이 비교가 안 되니 더 이상 재배하지 않는다. 지금의 어른들이 군것질 거리가 거의 없던 예전에는 옥수수같이 생긴 단 수수 줄기를 꺾어 딱딱한 겉껍질을 벗긴 다음에 부드러운 속줄기를 질겅질겅 씹으며 단물을 빨아먹었던 기억을 갖고 있다. 그렇지만 요즈음에는 우리나라에서도 외국으로부터 설탕 원료를 들여다가 설탕공장에서 우리가 먹는 설탕을 만들고 있다.

설탕 소비가 바로 문명의 척도라는 말도 있다. 문명이 발달할수록 그리고 국민소득이 높아갈수록 설탕 소비가 많아지는 경향이 있다는 뜻에서 하는 말이다. 우리나라에서도 국민 한 사람이 한 달에 1킬로그램을 넘는 정도의 설탕을 먹는다고 한다. 요즈음 우리 국민 한 사람의 하루 설탕 섭취량은 100g을 웃돈다고 하는데, 이것은 한국영양학회가 정한 한국인 1일 권장 섭취량 50g의 두 배에 해당한다. 이것은 달리 생각해보면 그만큼 전 세계적으로 설탕 생산과 소비가 많다는 것을 알 수 있다. 그렇지만 우리나라에서는 설탕의 원료인 사탕수수를 재배할 수 있는 기후가 아니다. 그러기에 설탕 원료는 외국에서 수입할 수밖에 없고, 그러다 보니 우리나라 설탕 가격은 외국의 설탕 가격에 따라 비싸고 싸고 할 수밖에 없다. 그래도 어쩔 수 없다는 것은 그만큼 설탕이 우리 생활에서 필수품이 되었다는 뜻이다.

설탕 대신에

설탕이 없던 예전에는 사람들이 어떻게 단맛을 얻었을까? 한번쯤 생각해 볼만한 문제이다. 설탕 대용물로 언뜻 생각나는 것으로는 꿀이 있다. 꿀은 우리가 잘 아는 것처럼 꿀벌이 꽃으로부터 부지런히 모아놓은 것이다. 꽃을 피운 식물은 벌에게 꿀을 내주는 대신에 벌들에게 씨를 맺기 위해 가루받이를 부탁한다. 이런 모습이야말로 식물과 곤충이 서로 돕고 사는 상리공생(相利共生)의 한 모습이다. 오래 전부터 사람들은 벌이 꿀을 모으는 것을 알고 벌을 벌통에 모아 길렀다. 그리고는 벌이 모아놓은 꿀을 이용한 것이다.

꽃에서 모아온 꿀은 사람들이 단지에 담아두고 조금씩 아껴 먹었다. '꿀단지'라는 말은 꿀을 담아놓은 단지라는 말이지만, 여기에는 귀한 것을 애지중지하며 아낀다는 뜻으로도 많이 쓰이고 있다. 왜냐하면 꿀은 사람들이 원하는 만큼 얼마든지 얻을 수 있는 것이 아니기 때문이다. 꽃이 피는 시기는 봄과 여름인데, 그 동안에 벌들이 부지런히 꿀을 모아야 하므로 한번 시기를 놓치면 다음 해까지 기다려야 하는 어려움이 있다. 그리고 꿀을 모으는 꿀벌은 한데 모여 사는 특별한 성질을 가진 곤충이므로 사람들이 꿀을 확보하는 데에는 특별한 노력을 기울여야 하는 어려움이 뒤따른다.

꿀벌은 다른 벌이나 흰개미 또는 개미처럼 자연 속에서 집단생활을 하는 대표적인 곤충이다. 이러한 꿀벌은 많게는 수만 마리가 하나의 집단을 이루고 나름대로의 체계를 세워 살고 있다. 물론 꿀벌이 모아놓은 꿀은 추운 겨울을 나는 동안 꿀벌들이 먹고 살 먹이이다. 그러기에 꿀벌은 꽃피는 동안에 부지런히 꿀을 모아 벌집 안에 저장해 두는 것이다. 꿀벌들이 벌집에 저장하는 꿀은 꽃에서 가져온 꽃의 꿀 그대로가 아니다. 꽃이 내어놓은 꿀은 당분이 16% 정도이니 과일 주스보다는 더 달다. 보통 잘 익어 달콤한 맛을 내는 과일의 당도가 12~13%이니 서로를 비교해볼 만하다. 그런데 꿀벌은 꽃에서 따온 꽃꿀을 벌집에 모아두고 당분이 70% 정도로 오를 때까지 날개와 몸으로 물기를 날려 보낸다. 이런 정도로 당도를 높인 것이 바로 우리가 즐기는 꿀이다.

꿀을 한번이라도 맛본 사람들은 그 맛을 잊지 못해 상당한 대가를 치르더라도 또 다시 꿀을 얻고자 한다. 꿀벌을 기르는 방법을 알지 못하거나 또는 알맞은 조건을 갖추지 못한 사람들은 자연에 있는 벌집을 찾아 꿀을 얻으려 한다. 그러기 위해서는 우선 사람들이 해야 할 일은 벌집이 어디에 있는지 알아내는 것이다. 가장 쉬운 방법은 꽃에서 꿀을 따는 벌이나 물가를 찾는 벌 몇 마리를 잡아 통 안에 넣는다. 그리고는 한참 뒤에 꿀벌 한 마리를 꺼내 날려 보낸다. 꿀벌은 살아났다는 안도감으로 벌집을 향해 날아갈 것이다. 물론 사람들은 온 힘을 다해 집을 향해 날아가는 꿀벌을 뒤쫓아야 한다. 그러다가 꿀벌이 시야에서 벗어나 더 이상 뒤쫓지 못할 때에 다음 한 마리를 꺼내 날려 보내고 또 다시 온 힘을 다해 뒤쫓는다. 이처럼 꿀벌을 뒤쫓는 일을 몇 차례 반복하다 보면 어렵사리 벌집을 찾아낼 수 있을 것이다.

꿀벌을 뒤쫓아 벌집을 찾는다는 것은 그렇게 쉬운 일이 결코 아니다. 조금 더 생각해보면 조금이라도 더 쉽게 벌집을 찾을 수 있는 방법이 있다. 이런 방법은 자와 컴퍼스를 이용하는 것처럼 기하학적인 내용이 들어있다. 우선 꿀벌 한 마리를 날려 보내고 뒤쫓는 것은 마찬가지이다. 그런데 두 번째 꿀벌은 첫 번째 꿀벌이 시야에서 사라진 뒤, 그 자리에서 바로 날려 보내는 것이 아니다. 처음 날려 보낸 자리에서 꿀벌이 날아간 직선 방향을 찾고, 이 방향과 수직으로 얼마간 나아간 다음에 두 번째 꿀벌을 날려 보내고 이 꿀벌이 날아간 방향을 확인한다. 그런 다음에 첫 번째 꿀벌이 날아간 방향과 두 번째 꿀벌이 날아간 방향이 서로 만나는 곳에 바로 벌집이 있을 것이라 생각할 수 있다. 벌집이 어디쯤 있다는 것만 알아도 훨씬 쉽게 벌집을 찾을 수 있다.

벌집을 찾았다 하더라도 꿀을 얻은 것은 또 다른 문제이다.

사람들이 찾아왔다고 꿀벌들이 순순히 꿀을 내어주는 것이 아니니 말이다. 그렇기 때문에 사람들은 어떻게 해서든지 꿀벌을 떼어놓고 벌집을 들어내어 꿀을 얻으려 한다. 이때 꿀벌은 자기 집을 파괴하려는 사람들에게 집단으로 침을 쏘며 대항할 것은 당연한 일이다. 사람들은 여러 번 시행착오를 거치면서 벌들을 벌집에서 떼어낼 때에 연기를 이용하면 비교적 쉽게 떼어낼 수 있다는 것을 알았다. 도대체 연기가 어떤 일을 하는 것인지 자세히 밝혀지지는 않았지만, 아마도 연기가 꿀벌들의 흥분을 진정시키거나 아니면 꿀벌들이 내뿜는 흥분 페로몬의 효과를 억제시킬 것이라고 생각할 수 있다. 이와 같은 연기 이용법은 지금도 양봉가들이 꿀벌을 다루는 동안 유용하게 쓰는 방법이다. 어쨌거나 사람들은 아주 오래 전부터 꿀맛을 잊지 못하고 벌침에 쏘이는 대가를 치르고서라도 꿀을 얻고자 많은 노력을 기울였다.

오래 전부터 사람들은 꿀벌이 모아놓은 꿀을 훌륭한 단맛 식품으로 유용하게 써왔다. 그런데 몇 해 전부터 원인을 모른 채 꿀벌이 죽어가는 꿀벌의 집단붕괴현상(colony collapse disorder, CCD)이 전 세계적으로 나타나서 양봉가는 물론 전문가들도 이에 대한 원인을 찾고자 머리를 맞대고 해결책을 찾으려 노력하고 있다. 이 현상에 대한 원인으로 예상하는 몇 가지를 꼽아 본다면 1) 특정한 바이러스병일 것이다. 2) 전자파에 의한 영향일 것이다. 3) 새로운 살충제에 의한 피해일 것이다. 4) 유전자조작 작물 재배 때문일 것이다. 5) 최근에 일어나는 기후변화에 의한 영향일 것이다. 등이 있다. 그러나 이들 예상되는 원인 가운데 어느 하나도 뚜렷한 근거를 제시하지 못하고 있다.

수만 마리의 꿀벌 집단에서 한두 마리의 꿀벌이 죽더라도 전혀 표시나지 않지만, 벌통에 들어있는 꿀벌이 절반 이상이나 없어졌다면 이것은 그냥 넘어갈 일이 아니다. 수많은 꿀벌들이 한꺼번에 사라진 것인데도 뚜렷한 원인을 찾을 수 없으니 답답한 노릇이다. 더욱이 꿀벌이 집단적으로 죽었다고 한다면 죽은 꿀벌이 벌통 안이나 바깥에 보여야 하는 것인데도 전혀 죽은 시체를 찾을 수 없다는 것이 꿀벌이 죽은 원인을 밝혀내기 어렵게 한다. 아직까지도 꿀벌의 집단붕괴현상에 대한 원인은 미스터리로 남아있다.

집단붕괴현상이라는 우울한 이야기가 알려진 동안에도 꿀벌에 대한 또 다른 슬픈 이야기가 있다. 지난해 우리나라에서도 토종벌이 90% 정도나 죽어가는 엄청난 피해를 입었던 것이다. 그러다 보니 우리나라에서 토종벌이 멸종되는 것이 아니겠는가라는 우려까지 하게 되었다. 우리나라에서는 예전에는 토종벌이 대부분이었으나 근대에 이르러 서양벌이 우리나라에 들어오면서부터 대부분의 양봉업에서는 서양벌이 그 자리를 차지게 되었다. 이제 토종벌은 산속으로 들어가 겨우 명맥을 유지하는 정도인데, 그나마 갑작스레 엄청난 피해를 입고 보니 멸종 위기까지 생각하게 된 것이다.

양봉 전문가들에 의하면 갑작스런 피해 원인은 낭충봉아부
패병(sacbrood)이라는 바이러스에 의한 것이라고 밝혀지기는 하
였지만, 이 바이러스 병의 치료와 예방을 위한 적절한 방법을
찾기 어려우니 양봉가들의 고통이 클 수밖에 없다. 일반적으
로 바이러스 병은 모두가 비교적 잘 아는 것처럼 바이러스를
치료할 특효약이 없다는 것이다. 따라서 양봉가들이 할 수 있
는 방법이라는 것도 그저 병이 발생한 벌통을 통째로 불에 태
우는 방법 밖에는 달리 뾰쪽한 방법을 찾기 어렵다. 병에 감염
된 벌통을 다른 곳에 치워두어야 괜찮을 것 같지만 그것만으
로는 충분하지 않으므로 철저히 예방하자는 뜻에서 불에 태우
는 처리를 해야 하는 것이다. 그렇지만 오랫동안 꿀벌을 자식
처럼 기르던 양봉가들에게는 벌통을 통째로 태워야 한다는 것
은 정말로 가슴 아픈 일이 아닐 수 없다.

꿀벌의 세계에서는 일벌은 여왕벌이 낳은 알에서 태어나 평
생 동안 일만 하다 죽어가는 운명이지만, 그 일생이 겨우 두
달 정도에 불과하다는 것도 아쉬운 일이다. 일벌은 자신이 사
는 동안 열심히 날아다니며 꽃에서 꿀을 모아 벌집에 채워놓
고, 애벌레들에게 먹여가며 또한 어른 벌로 키워내는 일이 이
들 일벌이 하는 일이다. 그래도 꿀벌은 집단을 이루며 살아가
는 생명체이기에 혹시라도 다른 위험에 맞닥뜨리면 해결할 방
법을 나름대로 찾아낸다. 벌통 안에서 애벌레를 다루는 일벌

도 병들어 아픈 애벌레가 있으면 과감히 집밖으로 끄집어내어 처리한다. 그대로 놔두었다가는 부패할 것이라는 것을 알고 다른 애벌레까지 감염될 것을 방지하고자 이와 같은 조처를 하는 것이다.

한편으로 여왕벌은 벌집 세력이 왕성하도록 항상 대비하기 마련이다. 일벌의 숫자가 적다고 느끼면 즉시 알을 낳아 일벌의 숫자를 늘리도록 한다. 물론 그 일은 일벌이 하기 마련인데, 우선 일벌은 빈방을 만들어 각 방마다 알을 하나씩 넣어주고 알이 깨면 먹이를 주면서 잘 크도록 보살펴주어 일벌 숫자를 늘리도록 한다. 이 과정에서 일벌은 먼저 빈방을 만든 다음에는 살균작용을 하는 프로폴리스(propolis)라는 특정한 물질을 발라 소독을 한 다음에 방 안에 알을 넣는다. 그리고 알이 깨어 애벌레가 되면 일벌이 먹었던 꿀을 토해내어 먹이며 애벌레를 키운다. 물론 이 과정에서 혹시라도 병원균 감염이 이루어질 수도 있다.

낭충봉아부패병으로 어려움을 겪은 농민들에게는 이 병을 해결할만한 뚜렷한 방법이 있는 것은 아니지만, 한 가지 가능한 방법으로는 서양꿀벌로부터 채취한 프로폴리스를 화분에 섞어 화분 떡을 만들고 이것을 토종벌의 벌집 안에 넣어주어 토종벌이 이를 먹고 스스로 면역력을 높여 건강해지도록 한다. 이 방법은 이제까지의 양봉 경험에 비추어보아 서양벌이 토종벌에 비해 비교적 병에 대한 대항 능력이 높다는 점을 이용함으로써 토종벌의 면역력을 높여 건강한 상태를 만들고자 하는 생각에서이다.

토종벌 양봉가들은 단순히 프로폴리스 화분 떡을 만들어 넣어주는 것만으로 끝내는 것은 아니다. 이외에도 양봉에 쓰이는 모든 도구들을 끓는 물에 넣고 삶아 병균 감염을 막으려는 여러 가지 가능한 방법까지도 모두 이용하고 있다. 그렇더라도 이러한 살균 처리법은 시간과 노력이 많이 들어가는 것이므로 웬만한 의지와 노력이 뒤따르지 않으면 효과가 잘 나타나지 않는다. 그러다보니 양봉가는 한 번 마음먹고 살균 처리를 시작했다고 하더라도 더딘 예방 효과 때문에 자칫 소홀해지기 쉽고, 그 사이에도 시간이 지나면서 토종벌의 세력은 자꾸만 약해지므로 더욱 실망하는 경우가 많다. 그래도 이들 양봉가들의 꾸준한 노력을 통해 요즈음에는 다시 토종벌의 세력이 안정되어가는 중이어서 다행이기는 하다.

꿀 다음으로 생각할 수 있는 단맛 재료는 '엿'이다. 그렇다. 엿도 꿀만큼이나 잘 알려진 단맛 재료인데, 엿은 무엇보다도 사람들이 직접 만들 수 있다는 것이 큰 장점이다. 사람들이 만들 수 있다는 것은 아무 때나 원하는 만큼 얼마든지 얻을 수 있다는 뜻이다. 다만 한 가지 생각해야 할 것은 얼마나 값싸게 만들 수 있는가 하는 점이다. 만드는 비용이 조금 비싸더라도 사람들이 꼭 필요하다면 어쩔 수 없이 만들어야 하겠지만, 필요에 따라 만들다보면 조금 더 값싸게 만드는 방법도 찾아낼 것이다. 그러기에 만들 수 있는 방법만 알고 있다면 만드는 비용 문제는 시간이 지나면서 해결될 수 있다.

집안에서 가장 나이 많은 할머니는 예전부터 몸으로 배우고 익힌 방법에 따라 엿을 만들었다. 엿 만들기에서 가장 중요한 일은 엿기름을 마련하는 것이다. 엿기름은 깨끗한 겉보리를 물에 불렸다가 그릇에 담아 물을 주면서 싹을 틔우고, 싹이 1센티미터쯤 자란 것을 바짝 말린 것이다. 엿기름은 말린 그대로 쓰기도 하지만 가루로 빻아두었다 필요한 때에 쓰기도 한다. 엿기름이 준비되면 원하는 때에 밥을 지어 엿기름을 잘 섞고 여기에 물을 부어 따뜻한 곳에 보관하며 삭힌다. 잘 삭힌 밥물을 자루에 넣고 주물러 물만 뺀 다음에 이 물을 솥에 넣고 졸이면 엿이 된다. 엿 만드는 데 필요한 재료는 옛 문헌에도 쌀 소두 1말, 엿기름 1되 3홉, 더운물 1동이 필요하다고 적어놓았다. 이 비율은 재료나 솜씨에 따라 조금씩 차이가 있겠지만, 예로부터 전해온 전통적인 방법과 비율이다.

집안에서 일이 비교적 적은 겨울철이나 또는 잔치를 준비할 때에는 필요한 만큼 언제든지 엿을 만들어 먹었다. 엿이라는 단 음식을 만드는 간단한 과정에도 과학이라는 잣대로 따져보면 의외로 놀라운 비밀이 숨어있다. 쌀의 주성분은 녹말인데, 이 녹말은 간단한 당 분자가 길게 사슬 모양으로 이어져 있다는 것은 앞에서도 잠깐 이야기한 적이 있다. 사슬 모양의 녹말을 각각의 당 분자로 쪼개려면 녹말분해효소가 필요하다. 이와 같은 '녹말 분해 과정'은 녹말을 당으로 만드는 과정과도 같은 뜻이니 '당화 과정'이라고 한다.

녹말의 분해 과정 즉 당화 과정을 일으키는 효소로 디아스타제(diastase)가 있다. 디아스타제는 쉽게 말하자면 소화효소와 다를 바 없다. 그런데 이 디아스타제가 바로 엿기름 안에 많이 들어있다. 우리 조상들은 이러한 사실을 경험을 통해 알았고, 그래서 엿기름으로 엿을 만드는 방법을 찾아내었다. 엿기름은 보리 싹을 틔워 만든 것으로, 보리는 쌀과 함께 우리가 먹는 식량이다. 따지고 보면 보리도 쌀과 같이 주성분은 녹말이다. 그러나 보리와 엿기름의 차이는 싹을 틔웠다는 점에 있다. 다시 말하면 보리 싹 속에는 디아스타제라는 효소가 많이 들어있다는 사실이다. 그래서 보리 싹의 디아스타제로 쌀의 녹말을 당분으로 변화시키고, 이것을 졸여 엿으로 만든다는 것이다. 이처럼 엿을 만드는 과정은 그야말로 '생활 속의 과학' 또는 '생활의 지혜'라고 말할 수 있다.

엿에 들어있는 과학적인 사실을 이해한다면 굳이 쌀만 아니라 찹쌀은 물론 옥수수, 조, 고구마 등으로도 얼마든지 엿을 만들 수 있다는 사실을 알 수 있다. 엿에 대한 유명한 이야기가 있다. 1964년 12월에 치러진 중학교 입학시험 문제에서 "엿기름 대신 넣어서 엿을 만들 수 있는 것은 무엇인가?"라는 질문이 있었다. 보기 가운데 하나를 선택하는 문제였는데, 정답으로 채점된 것은 '디아스타제'이었지만, 보기 중에는 '무즙'도 있었다. 사실 무즙에도 디아스타제가 들어있으므로 무즙을 이용해서도 엿을 만들 수는 있다. 따라서 이의를 제기한 학부모들이 무즙으로 엿을 만들어 관계 기관에 가져갔고, 결국에는 '무즙'도 답이 된다고 인정한 일이 있었다. 나중에 사람들은 이 일을 '무즙 사건'이라 불렀다. 아마도 이런 일을 통해서 생활 속에서도 얼마든지 과학적인 사실을 찾을 수 있다는 것을 많은 사람들에게 알려준 것이 아닌가 생각한다. 그뿐만 아니라 과학은 역시 거짓말을 할 수 없을 뿐만 아니라 또한 사실을 숨길 수도 없다는 것을 알려주는 것 같다.

단맛은 그야말로 우리 생활 속에서 없어서는 안 될 단비와도 같은 존재이고, 또한 단맛 속에 들어있는 과학은 우리 생활 속에 그대로 살아 숨 쉬고 있다고 해도 그리 틀리지 않은 말이다.

2. 건강을 지키는 콩 이야기

자연에서 얻는 먹을거리

사람들이 살아가는 동안에 무엇보다도 커다란 영향을 받는 것은 아무래도 음식이다. 부모의 도움으로 살아가는 방법을 배우며 환경에 적응한다고 하더라도 스스로의 몸을 가누기 위해서는 우선 먹고 힘을 내야 하기 때문이다. 음식은 그저 단순한 먹을거리가 아니다. 사람들이 살고 있는 지역과 풍토에 알맞은 재료를 이용하여 가장 먹기 좋은 음식으로 개발한 것이기에 이른바 문화의 한 영역을 차지한다. 우리가 먹는 음식도 우리가 살고 있는 기후와 지형에 맞추어 오래 전부터 우리들의 입맛에 맞게 만들어진 것이므로 당연히 문화의 한 부분으로 포함되어 음식문화라는 이름으로 불린다.

오랫동안 우리가 입어온 옷이 우리 몸에 잘 맞듯이, 우리 음식도 오래 전부터 우리가 먹어왔기에 우리 입맛에 가장 잘 어울린다. 만약에 사람들이 한 가지 음식만 계속해서 먹는다면 어느 정도 시간이 지나면 물려서 더 이상 먹기 힘들 것이다. 그런데도 이런 어려움을 이겨낼 수 있는 이유는 자연과 환경에 따른 다양성이 존재하기 때문에 가능한 일이다. 사람들이 철 따라 옷을 바꿔 입는 것처럼 계절에 따라 여러 가지 음식을 마련하여 물리지 않고 오랫동안 즐길 수 있다는 것이 바로 우리의 음식문화가 갖추고 있는 특징의 하나이다. 여기에 한 가지 더 추가한다면, 우리가 주식으로 삼는 탄수화물이 중심이 되는 쌀은 달지 않기에 사람들이 물리지 않고 먹을 수 있는 이유가 된다.

우리나라는 사계절이 뚜렷한 기후가 다양한 것은 물론이거니와 지형적으로도 매우 다양한 모습을 갖추고 있다는 것이 우리나라의 특징이다. 거대한 아시아 대륙과 이어진 한반도는 대륙성 기후의 영향을 받기 마련이지만, 다른 한편으로는 삼면이 바다로 둘러싸여 있으므로 다분히 해양성 기후의 영향도 함께 받고 있다. 또한 한반도의 동쪽을 따라 백두대간을 중심으로 산악 지형이 어우러지고 서쪽과 남쪽으로는 여러 강이 흐르면서 넓은 들판이 펼쳐지고 있다. 지역적으로 보더라도 북부지방에서부터 중부지방 그리고 남부지방에 이르기까지 서로 다른 온도와 기후를 보인다. 이처럼 온대지방에 위치한 우리나라는 봄·여름·가을·겨울을 비롯한 사계절이 뚜렷하고 여름 장마철과 겨울 혹한기를 갖추고 있기에 다양한 기후에 맞추어 의·식·주에 필요한 여러 가지 생활 방법을 마련해야만 한다.

우리가 즐겨 먹는 음식은 맛과 재료에서 다른 어느 나라의 음식보다도 훌륭한 조건을 갖추었다고 말할 수 있다. 우리 음식은 무엇보다도 육식이나 채식의 어느 한쪽에 치우치지 않고, 탄수화물과 지방 및 단백질 성분도 어느 한쪽으로 기울지 않게 균형을 이룬다는 것이 가장 큰 장점이다. 산악지대와 평야지대에 이르기까지 계절마다 여러 종류의 동물과 식물들이 자라므로 여기에서 얻는 다양한 재료를 이용하여 여러 가지 음식을 마련할 수 있고 또한 바다에서 얻을 수 있는 여러 가지 해산물과 물고기를 재료로 우리의 밥상을 언제나 풍성하게 준비할 수 있다.

누가 무어라 해도 우리나라는 오래 전부터 농업을 기반으로 하였기에 쌀을 비롯한 여러 가지 곡류로 지은 밥과 온갖 채소로 만든 반찬을 중심으로 하는 채식 위주의 상차림이 기본이 된다. 온갖 채소를 재료로 만든 반찬을 보더라도 그 가짓수가 하도 많아 계절에 맞추어 골고루 먹더라도 어떤 것은 먹어보지도 못하고 계절을 넘기는 경우도 있다. 수많은 식물성 반찬 가운데에는 버섯을 재료로 만든 반찬도 끼어 있다. 버섯은 분류학적으로 식물이 아니라 미생물인데도 항상 반찬에 끼어 있으므로 많은 사람들이 버섯을 식물의 하나로 알고 있는 경우가 많다. 어쨌거나 이렇게 많은 종류의 식물성 재료를 갖추었기에 최근에는 미국에서 채식만 제공하는 한국식당이 채식주의자들에게는 물론 다른 사람들에게도 많은 인기를 모으고 있다고 한다.

요즈음 건강을 우선으로 생각하는 사람들은 동물성 재료로 만든 음식보다도 식물성 재료로 만든 음식이 몸에 좋다고 하면서 즐겨 찾는다. 그래서 육류 중심인 서양 음식보다는 채식을 많이 하는 우리 음식에 대해 많은 서양 사람들이 깊은 관심을 보이고 있다. 어떤 음식이든지 그것은 하루아침에 갑자기 만들어지지 않는다. 기후와 지형에 따라 자라는 식물의 종류가 다르므로 사람들은 자기가 살고 있는 지역에서 가장 잘 자라는 식물을 찾아 음식 재료로 이용하기 마련이다. 그리고 사람들은 그러한 재료로 오래 전부터 자기 몸에 가장 잘 어울리는 음식을 만들어 먹었다.

우리가 알고 있는 음식을 만드는 방법은 대부분이 경험과 눈썰미로 어릴 적부터 어머니의 어깨너머로 배웠다. 그러다가 사람들은 조금씩 자신감이 생기고 나름대로 음식의 맛을 낼 수 있을 때가 되면 비로소 독특한 비법을 스스로 깨달아 장인의 경지에까지 이르게 된다. 그래서 한 집안의 음식 맛은 대대로 어머니로부터 딸에게 그리고 시어머니로부터 며느리에게 부엌에서의 실습을 통해서 전해 내려온다. 그러한 점에서 볼 때에 우리 음식은 자연과 환경 속에서 함께 살고 있는 재료를 정성껏 활용한 것으로 사람을 위한 음식이라고 말할 수 있다. 재료가 많으면 많은 대로 또한 적으면 적은 대로 형편에 맞추어 마음과 정성을 다해 음식을 마련하였기에 자연과 사람이 음식을 통해 하나로 합쳐졌고 먹고 난 다음에도 전혀 탈이나 무리가 없는 건강을 위한 음식이 만들어졌다고 생각한다.

사람을 포함한 모든 생명체들이 살아가는 데에 자연과 환경의 영향을 받는 것은 너무나도 당연한 일이다. 그러기에 사람이 먹는 음식조차도 어느 시대 어떤 환경에서 만들어지느냐에 따라 크고 작은 영향을 받을 수밖에 없다. 이처럼 자연과 환경은 우리 음식은 물론이고 좀 더 나아가 우리 모두의 건강과도 통한다. 모든 생물들이 좋은 환경에서 건강한 몸을 유지하는 것처럼, 오염된 환경에서는 건강을 제대로 유지하기가 어렵다. 누구나 바라는 즐겁고 건강한 생활은 바로 깨끗한 환경으로부터 비롯되는 것이다. 건강한 자연으로부터 얻은 우리 음식은 우리에게 건강한 몸을 만들어준다는 것을 보더라도 우리 몸에 가장 알맞은 음식은 건강한 자연과 환경에서 얻을 수밖에 없다.

들판에서 재배하여 거두어들이는 여러 종류의 농작물은 자연으로부터 얻는 농산물이다. 또한 바다에서 잡는 여러 종류의 물고기도 자연으로부터 얻는 수산물이다. 이처럼 우리는 자연으로부터 필요한 음식 재료를 얻어와 우리 몸에 맞는 음식으로 만들어 먹었다. 물론 사람들이 채취와 수렵이라는 옛날의 기본적인 획득 방법에서 벗어나 재배와 사육이라는 보다 발전된 방법과 기술을 동원함으로써 더 많은 양의 음식물을 손쉽게 확보할 수 있는 방법을 이용하는 점이 조금은 다르다고 할 수 있다. 그러나 사람들이 필요로 하는 음식 재료를 자연으로부터 얻는다는 기본적인 의미는 옛날이나 지금이 전혀 다르지 않다. 이처럼 자연으로부터 얻은 음식 재료를 이용하여 더욱 맛있고 영양가 높은 음식으로 만들어 먹는 살림의 지혜는 지금까지도 변하지 않은 채 이어져 내려온다.

요즈음 우리가 말하는 자연으로부터 얻는 음식 재료라고 한다면, 언뜻 생각하기에 옛날 방식에 따른 채취와 수렵 방법으로 얻는 것을 뜻하는 경우가 많다. 따뜻한 봄날에 들판에 나가 새로 돋아나는 봄나물을 캐어먹는 것이나 한여름까지도 숲 속에 난 고사리 순을 뜯어다 삶고 말려 먹는 것은 예전부터 해 온 일이지만 이 모두가 자연으로부터 얻는 음식 재료라고 생각한다. 우리나라에서는 오래 전부터 사람이 먹을 수 있는 식물 종류가 어림잡아 천 종이 넘는다고 하니 웬만한 식물이라면 못 먹는 것이 없을 정도이다. 변산반도에서 공동체를 운영하는 윤구병 님은 자신이 경험한 내용을 엮어 책으로 펴냈는데, 책제목이 『잡초는 없다』이다. 모든 풀을 두 종류로 나누면 작물과 잡초일 터인데, 하찮아 보이는 잡초라도 발효 과정을 거치면 먹을 수 있는 발효식품이 된다는 것이다.

자연으로부터 얻은 음식 재료는 우선 열매가 눈에 띄지만 식물 전체를 먹을 수 있는 것이라면 풀 종류가 가장 많다. 그 외에도 나뭇잎이나 꽃 그리고 경우에 따라서는 뿌리까지도 사람들이 먹을 수 있다. 이처럼 여러 종류의 풀과 나무는 사람들이 먹는 음식 재료로만 쓰이는 것이 아니라 약이나 차로 이용할 수 있으니 그야말로 잘만 이용하면 못 먹을 식물이 없다고 해도 그리 틀린 말이 아니다. 물론 모든 식물 재료를 따온 그대로 먹는 것보다는 발효액을 만들어 필요한 때에 물에 타서 마실 수 있도록 준비하는 것이 좋다. 이러한 발효액은 자연으로부터 얻은 식물로 만든 것이므로 요즈음 웰빙(well being) 바람을 타고 알려진 건강식품의 하나로 사람들에게 많은 호응을 얻고 있다.

발효액을 만들기 위한 산속의 식물은 햇빛과 바람 그리고 깨끗한 물을 먹고 자랐기에 산의 맑은 정기를 받았을 것이므로 분명히 공해물질이 많은 곳에서 자란 다른 식물과 큰 차이가 있을 것이다. 또한 식물은 생육 시기에 따라서도 성분의 차이가 있으므로 독성이 가장 적은 시기에 깨끗한 여러 종류의 식물을 따서 섞어 주는 것이 좋다. 그래야 혹시라도 있을 독성을 중화시킬 수 있기 때문이다. 채취한 식물을 물에 깨끗이 씻고 물기를 뺀 후에 설탕과 꿀을 섞고 버무려 항아리에 담아 일정한 온도가 유지되는 곳에서 자연 발효시킨다. 백일 정도 발효가 된 후에 원액만 걸러내어 다시 반년 정도 숙성시킨 것을 발효액으로 이용한다. 깨끗한 곳에서 자란 식물로 만든 발효액은 사람들의 건강에 도움을 주는 것은 당연하다. 발효 자체가 사람에게 이로운 미생물 작용이기에 발효액은 우선 우리 몸에서 항산화력을 발휘하고 다음으로 대사 증진을 가져오며 또한 면역력을 증가시키는 효과를 나타낸다고 한다.

콩의 원산지

들판이나 산자락을 거닐다가 땅위를 자세히 살펴보면 기다랗게 벋어난 줄기식물을 볼 수 있다. 이파리는 마치 콩잎처럼 보이는 작은 이파리 세 개가 하나의 잎자루에 가까이 붙어있다. 아무리 살펴보아도 이파리가 콩잎보다는 크기가 작지만 생김새는 분명히 콩잎과 비슷해 보인다. 그러기에 콩이라고 부르기에는 무엇인가 부족하고 그렇다고 콩이 아닌 다른 식물이라고 하기도 또한 어렵다. 그렇다! 이것이 바로 야생종 콩이다. 우리나라의 중심인 한반도와 만주 벌판에는 콩의 조상인 야생종 콩이 자라고 있다. 다시 말해서 우리나라가 바로 우리가 즐겨 먹는 콩의 원산지라는 말이다. 이처럼 우리나라 들판에서 자라는 야생종 콩을 가져다 미국에서 품종개량을 하여 지금 우리가 먹는 큰 콩을 만들어낸 것이다. 그렇기 때문에 우리가 먹고 있는 콩은 '큰 콩'이라는 뜻으로 대두(大豆)라고도 부른다.

우리나라를 비롯한 만주 벌판에서는 오래 전부터 야생종 콩이 자라고 있기에 만주벌판은 물론 우리나라에서도 예전부터 많은 양의 콩을 생산하였다. 그래서 우리나라와 중국은 특별히 콩을 원료로 한 이런저런 종류의 음식을 많이 만들어먹었다. 우리나라에서는 콩을 재료로 하여 우리 음식문화에서 빼놓을 수 없는 간장과 된장을 만들었다. 뿐만 아니라 콩은 떡을 비롯하여 이런저런 반찬과 과자까지 만들어먹었다. 물론 중국에서도 콩을 원료로 하여 중국 사람들이 즐겨 먹는 두부(豆腐)를 만들어먹었다. 이처럼 콩은 우리 생활에서 꼭 필요한 음식 재료의 하나로 지금까지도 널리 이용되고 있다.

근대로 들어서면서 일본은 힘을 앞세워 우리나라를 강점하고 식민지를 경영하면서 아시아 지역에서 대동아전쟁(大東亞戰爭)을 일으켰다. 전쟁에 필요한 물자 부족을 겪으면서 우리나라에서 생산한 쌀을 일본으로 실어가고 그 대신에 우리나라 사람들에게는 만주에서 많이 생산되는 콩을 들여와 쌀 대신 먹게 하였다. 물론 우리가 먹는 밥에 얼마간의 콩을 넣어 잡곡밥처럼 먹을 수는 있지만, 쌀이 거의 들어가지 않은 채 콩만으로 지은 밥을 먹기란 그야말로 고역이다. 일반인들은 이처럼 쌀이 없는 콩밥을 먹지 않으므로 당국에서는 감옥의 죄수들에게 이러한 콩밥을 먹게 하였다. 이때부터 우리말에서는 '콩밥을 먹는다'는 말이 나오게 되었다. 다시 말해서 죄를 짓고 감옥에 가는 것을 빗대어 '콩밥 먹는다'고 표현하기 시작한 것이 지금까지도 이어져 나이든 사람들은 이러한 표현을 쓰고 있다.

일본이 전쟁을 일으키고 만주에 괴뢰정부를 세우고 일본군이 만주에 주둔하고 있다가 패전의 길로 들어설 때의 일이다. 전쟁의 흐름에 따라 만주에 주둔하였던 일본군이 고립되었다가 먹을 것이 없어 결국에는 항복하였는데, 나중에 알고 보니 항복한 일본군의 창고에는 많은 양의 콩이 남아있었다고 한다. 일본군도 결국 먹지 못하고 남긴 것처럼 콩만으로는 식량이 되지 못하는 것이다. 그런데도 일본은 자기들도 먹기 어려운 콩을 조선으로 넘기고 우리 쌀은 일본으로 빼앗아간 나쁜 일을 서슴지 않고 저지른 것이다. 어쩌면 콩에 물을 주고 싹을 틔우면 콩나물이 되는데, 콩밖에 먹을 것이 없을 때에는 콩나물이라도 길러먹었다면 다소간이나마 허기를 면할 수 있어 시간을 연장하는 방법이 되었을지도 모르는 일이다.

예전에 우리는 우리가 필요로 하는 만큼의 음식은 우리 스스로 키워먹을 수밖에 없었다. 예전에는 외국과의 교류가 활발하게 이루어지기가 쉽지 않았고 국가 사이에 무역을 하고자 하여도 필요한 만큼의 자본 확보가 어려웠으니 어쩔 수 없는 일이었다. 그래서 우리가 먹어야 할 식량 문제는 우리 스스로 나라 안에서 해결해야만 했다. 그러나 시간이 지날수록 늘어가는 사람들을 충분히 먹일 수 있는 만큼의 식량 증산은 매우 어려운 일이었기에 어쩔 수없이 외국으로부터 식량 원조를 받기에 이르렀다. 아마도 우리나라가 외국으로부터 원조를 받던

시대를 겪어본 사람이라면 원조 물품으로 밀가루를 비롯하여 콩과 우유가루가 우리나라에 들어온 사실을 기억할 것이다. 그러다 보니 우리나라에서는 시간이 흐를수록 콩과 밀의 자급력이 그만큼 줄어들고 외국 의존도는 더욱 높아질 수밖에 없었다.

지금도 콩과 밀은 우리나라에서 생산하는 양으로는 5% 정도의 자급률에도 미치지 못하는 형편이고, 부족한 거의 대부분을 수입에 의존해야하는 형편이다. 우리나라는 분명히 콩의 원산지임에도 불구하고 우리가 필요로 하는 콩 사용량의 대부분을 외국으로부터 수입해 와야 하는 형편에 이르렀다. 많은 사람들이 생각하기로는 된장과 간장을 비롯하여 콩나물과 두부 그리고 떡이나 반찬으로 먹는 콩의 양이 얼마나 된다고 그만큼이나 부족한 것이냐고 할 것이다. 분명히 예전에는 우리나라에서 논두렁과 밭두렁은 물론이고 여기저기 비어있는 자투리땅에는 모두 콩을 심어 먹었고 넉넉하지는 않았지만 크게 부족하지는 않았다고 생각한다. 그런데 요즈음 우리나라에서 소비되는 콩은 음식 재료로 이용되는 양보다도 훨씬 많은 양이 식용유와 가축사료로 이용되기 때문에 그만큼 콩이 부족하게 된 것이다. 해마다 외국으로부터 수입되는 대부분의 콩이 식용유와 사료로 이용되므로 그만큼 수입량이 많다는 사실을 사람들은 잘 모르고 있는 형편이다.

예전부터 우리는 콩으로 여러 가지 음식을 만들어 먹었고,

음식 이외에도 기름을 짜서 생활 곳곳에 이용하였다. 콩기름은 참기름이나 들기름에 비해 고소한 맛이 덜하므로 음식에 넣어먹는 것보다도 종이에 발라 물기가 배이지 않도록 보호하는 용도로 많이 쓰였다. 이를테면 방바닥을 바르는 장판지에 콩기름을 먹이면 반들반들 윤기가 나며 물기를 물리치고 책의 겉표지에도 콩기름을 발라 오래도록 보존하는 방법으로 이용하였다. 예전 우리 생활 속에서는 유리를 사용하기 어려웠기에 유리를 대신할 수 있는 것으로는 한지를 몇 겹 덧붙여 기름을 먹인 것을 이용하기도 하였다. 물론 집안에서 쓰는 가구는 물론 작은 그릇에 종이를 바르고 그 위에 콩기름을 덧발라 물기를 막는 용도로 많이 이용하였다.

요즈음에는 과학자들이 콩에 들어있는 특별한 성분을 찾아내어 건강을 지켜주는 식품을 만들어 이용하기도 한다. 예를 들자면 야생종인 아가콩에 많이 함유된 이소플라본이라는 성분을 이용하여 특별한 건강식품을 만들기도 한다. 이소플라본 성분은 나이 들어가는 아주머니들의 건강을 지켜주고 노화를 억제시키며 성인병을 예방하는 등의 여러 가지 효과를 가지고 있다고 한다. 때로는 과학자들이 특별한 단백질 성분이 더 많은 콩 품종을 만들어 사람들에게 많은 영양분을 제공하도록 하기도 한다. 한편으로는 콩에 해를 끼치는 벌레를 죽일 수 있는 물질을 콩잎 안에 들어있는 품종을 개발하여 해충에 의한 피해를 줄이며 많은 수확을 올릴 수 있도록 재배농가에 보급

하기도 한다. 이것이 이른바 유전자조작 식품(genetically modified organism, GMO)의 일종이다.

한편 콩과 더불어 항상 따라다니는 다른 식물이 하나 있다. 그 이름은 팥이다. 오래 전부터 전해 내려오는 콩쥐팥쥐라는 동화도 있듯이 콩 다음에는 항상 팥이 이름을 잇는다. 콩은 껍질 색깔이 노르스름하거나 희거나 검거나 또는 얼룩이 있는 것이 대부분인데, 팥은 붉은색 하나이다. 이처럼 팥은 열매 색깔이 붉기 때문에 액을 물리치고 삿된 것을 막아내는 벽사(辟邪)의 힘을 가진 것으로 여겨왔다. 그래서 동짓날에는 붉은색 팥죽을 쑤어 많은 사람들과 나누어먹고 어려움이 있을 때마다 팥을 넣어 만든 여러 가지 종류의 음식을 먹었다.

붉은 색을 띤 팥을 넣어 만든 음식은 오래 전부터 사람들이 즐겨먹었다. 팥을 넣어 만든 대표적인 음식으로는 팥죽 이외에도 시루떡을 꼽는다. 음식 가운데 붉은색을 띤 종류는 그리 흔치 않으므로 붉은색 음식을 만들 때마다 팥은 빼놓지 않고 들어간다. 요즈음에도 사람들이 좋아하는 간식에는 으레 팥이 들어가기 마련이다. 팥을 삶아 으깨어 만든 반죽은 음식의 속에 들어가는 내용물로 제격이다. 삶은 팥 그대로는 송편 속으로도 적당하고, 반죽은 찹쌀떡에 들어가며, 팥을 삶아 죽처럼 끓이면 단팥죽이 되며 얼음가루와 함께 섞어주면 여름철 별미인 팥빙수가 된다. 이처럼 널리 이용되는 팥은 지금까지도 많은 사람들의 끊임없는 사랑을 받고 있다. 단팥빵에서부터 아이스캔디와 양갱에 이르기까지 팥으로 만든 종류는 서양 사람들이 즐겨먹은 초콜릿만큼이나 그 용도가 다양하다. 이처럼 팥이 우리 음식에서 차지하고 있는 비중은 그야말로 다양하기가 이루 말로 표현하기 어려울 정도이다.

뿌리혹박테리아

이 세상의 모든 생명체들은 결코 혼자서는 살 수가 없다. 어떤 모습으로든지 알게 모르게 서로 도와가며 살고 있기 때문이다. 우리는 이처럼 서로가 함께 힘을 모아 살아가는 모습을 공생(共生, symbiosis)이라 부른다. 공생관계에 있는 생물은 서로가 이익을 나누어갖는 것이 보통이지만, 경우에 따라서는 상대방 생물체에 해를 끼치는 경우도 있다. 공생관계에서 이롭고 해로운 정도가 명확히 구분되는 것은 아니지만 그래도 상대방에게 어느 정도의 이로움을 주는 상리공생(相利共生, mutualism)은 그 예가 대단히 풍부하다. 공생관계에서는 먹이 제공·보호·장소 제공·이동 수단·해충 제거·생식과 번식 조건 제공 등의 여러 가지 점을 서로 이용하게 된다.

식물은 뿌리를 흙 속에 내리고 물과 양분을 빨아올린다. 그러므로 식물의 뿌리와 흙과의 관계에서는 흥미로운 점들이 많이 있다. 다만 흙 속에서 일어나는 일이라 자세히 살펴보지 않고 지나쳐버리는 경우가 많기 때문에 우리에게 잘 알려지지 않았던 것이다. 보리, 밀, 귀리 등의 농작물의 경우에, 이들의 뿌리를 한 줄로 이어놓으면 그 길이는 무려 150~215m에 달하며, 굵기를 0.1mm로 보아도 흙과의 접촉면은 4.71~6.75m^{2}에 이르게 된다. 보통 식물과 흙 속의 미생물 사이에서 이루어지는 상관관계를 표시하는 토양 미생물 수치(R/S ratio)는 흙과 뿌리의 전체 미생물 숫자를 흙이 없이 뿌리에만 존재하는 미생물의 숫자로 나누어본 값이다. 대부분의 식물에서 나타나는 R/S 수치는 보통 5~20에 이르고 있다.

뿌리혹박테리아(leguminous bacteria)는 식물과 미생물과의 사이에서 이루어지는 대표적인 공생관계를 만드는 리조비움(*Rhizobium*) 속(屬)의 호기성 세균이다. 다른 말로 '공생 유리 질소 고정균'이라고도 부른다. 보통 콩과식물의 뿌리혹 속에 살면서 유리 질소를 동화하여 콩과식물에 질소화합물을 공급해준다. 콩과식물은 탄수화물과 그 밖의 세균의 증식에 필요한 영양물질을 공급해주어 콩과식물과 뿌리혹박테리아의 공생관계를 유지한다. 뿌리혹은 한 해 또는 여러 해 동안에 만들어진 것이 있지만 기생하는 식물의 종류에 따라 특이한 모양과 구조를 보인다. 이와 마찬가지로 기생하는 콩과식물의 종류에 따라 뿌리혹박테리아의 종류도 다르다. 미생물학이 발전하면서 1888년에 네덜란드의 바이예링크(M.W. Beijerink)가 뿌리혹박테리아를 처음으로 순수 분리했고, 이를 바탕으로 환경미생물학 분야가 탄생했다. 이때만 하더라도 뿌리혹박테리아를 한 종의 미생물로 생각하였지만 연구가 진행되면서 식물의 종에 따라 기생하는 미생물의 종류가 다르다는 특이성이 알려지게 되었다.

대표적인 뿌리혹박테리아의 예를 들어보면 콩과식물에 공생하는 뿌리혹박테리아라고 하더라도 모두가 같은 종이 아니다. 이를테면 완두 속(屬)에 기생하는 종류는 완두 뿌리혹박테리아(*Rhizobium leguminosarum*)라는 종이고, 까치콩 속에 기생하는 것은 까치콩 뿌리혹박테리아(*Rhizobium phaseali*) 종이며, 전동싸리 속에 기생하는 종류는 전동싸리 뿌리혹박테리아(*Rhizobium meliloti*) 종이고, 개자리 속에 기생하는 것은 개자리 뿌리혹박테리아(*Rhizobium trifolii*) 종이며, 콩 속에 기생하는 종류는 콩 뿌리혹박테리아(*Rhizobium japonicum*) 종이다. 그밖에도 루핀 뿌리혹박테리아(*Rhizobium lupini*) 등이 뿌리혹박테리아의 또 다른 종류라는 사실이 알려져 있다. 이처럼 공중질소고정이라는 똑같은 기능을 가진 뿌리혹박테리아라고 하더라도 숙주식물이 어떤 종이냐에 따라 공생하며 살고 있는 뿌리혹박테리아의 종류가 각각 다르다. 우리는 이처럼 종에 따라 다른 차이를 종특이성(種特異性, species-specificity)이라 부른다. 아마도 이 세상에 살고 있는 모든 종류의 생물은 이러한 종 특이성을 얼마가 되었든 조금씩이라도 가지고 있을 것이다.

뿌리혹박테리아는 처음에는 짧은 막대기처럼 생긴 간상균

의 형태를 가지는 것이 보통인데 나중에는 공포(空胞)가 생기거나 작은 공 모양이거나 달걀 모양 등의 여러 가지 모양으로 변화한다. 또한 이 균은 0~50℃의 범위에서 생육하는데 20~28℃에서 가장 잘 자라고 흙 속에서도 오랫동안 생존한다. 생육에는 pH 5.4~6.8의 흙이 좋고 호기성이므로 표토층에 많으며 식물의 뿌리혹도 표토 부분에서 많이 생겨난다. 고구마나 토마토 등의 뿌리에 선충류가 기생하여 생기는 벌레혹도 뿌리혹이라 부르지만 뿌리혹박테리아와는 그 기능과 작용에서 현저한 차이를 가지므로 이들 두 가지를 혼동해서는 안 된다.

〈표〉 뿌리혹(nodule)이 만들어지기까지의 과정은 다음과 같다.

뿌리혹박테리아(Rhizobium)	콩과식물(leguminous plant)
	1) 뿌리에서 비특이적인 물질이 분비된다.
2) 뿌리혹박테리아가 증식한다.	
	3) 세포 바깥으로 물질이 분비된다.(tryptophan)
4) IAA로 산화된다. 확인되지 않은 보조요인에 의해 세균세포가 변한다.	
	5) 알려지지 않은 보조요인과 함께 6) 뿌리털이 구부러지고 가지가 생기면서 변한다.
7) 세균 세포 바깥으로 polysaccharide가 분비된다.	
	8) polygalacturonase(PG)가 만들어져 분비되면서 뿌리털 벽에 작용한다.
9) 침입이 쉽게 일어난다.	
10) 식물과 세균의 세포가 분열한다.	
11) 세균이 식물로 들어가면서 뿌리혹이 생긴다.	

뿌리혹박테리아인 리조비움(*Rhizobium*)이 콩과식물에서 뿌리혹을 형성하는 과정은 매우 복잡하다. 흙 속의 세균은 식물의

뿌리가 분비하는 트립토판을 식물 생장호르몬인 인돌아세트산 (indoleacetic acid, IAA)으로 전환시키며, 다당류의 협막물질을 세포 밖으로 분비한다. 이 협막물질에 의해서 식물 뿌리는 폴리갈락투로나제(polygalacturonase)라는 효소를 분비한다. 이 효소는 뿌리혹박테리아가 뿌리 안으로 들어갈 때에 도움을 주는 것으로 알려졌다. 뿌리혹박테리아는 IAA에 의해서 비정상적으로 크게 자란 뿌리털(根毛) 속으로 들어가고 세균과 식물의 유전자가 발현되어 함께 작용하면서 뿌리혹이 형성된다. 이렇게 뿌리혹박테리아와 콩과식물은 그저 한데 어울려 사는 정도가 아니라, 각각의 유전자로부터 발현되는 물질에 의해서 뿌리혹을 만드는 것처럼 유전자 수준에서부터 이미 공생관계를 이루고 있다.

흙은 사람들에게 필요한 식량을 생산해 주는 일만이 아니라 산림녹화와 휴양 및 오락시설을 제공해주는 등의 중요한 일을 하고 있다. 그러기에 우리는 흙에서 나타나는 침식작용이나 중금속 오염 등의 환경오염을 방지하고, 깨끗한 흙을 보전하기 위한 기술과 방법을 개발하여 흙을 적극적으로 보호하며 동시에 효과적으로 이용하는 데에 힘써야 한다. 한 가지 예를 들어보면 예전의 석탄광에서는 석탄을 제외하고 남는 폐기물은 그것이 자연과 환경에 미치는 영향을 생각하지 않고 아무 데나 버렸다. 그러다가 마침내 파낼 만한 석탄의 양은 줄어들고 폐기물의 양은 점차 늘어가면서 흙이 할 수 있는 역할은 상대적으로 줄어들었다. 이러한 때에 과학과 기술은 문제점을 안고 있는 흙을 예전의 건강한 흙으로 되돌려줄 수 있는 방법을 찾아내었다.

그 효과적인 방법은 다음과 같다. 모래에 뿌리를 내리고 살고 있는 클로버에는 리조비움 속의 뿌리혹박테리아가 있는데 사람들은 이것을 이용하였다. 사람들은 수많은 종류의 뿌리혹박테리아를 확보하고 적응시험을 거쳐 그 가운데에서 가장 우수한 종류를 선발하여 흙을 되살리는 데에 이용하였다. 콩과 식물의 뿌리에는 식물의 종류에 따라 서로 다른 뿌리혹박테리아가 붙어살기 때문에 가장 잘 사는 종류를 찾아내야 한다. 이렇게 찾아낸 뿌리혹박테리아는 공기 중의 질소로부터 질산염을 만들 수 있기 때문에 식물은 이것을 비료로 이용하여 생장하는 것이다. 사람들은 이렇게 콩과식물을 이용하여 폐기물처리장으로만 보이던 곳에서도 식물이 잘 자랄 수 있도록 해주었다. 그곳은 이제 소나 양을 비롯한 가축을 키울 수 있는 초지가 마련되었고, 그 이후로는 조금씩 쾌적한 환경으로 바뀌어가는 폐광 골짜기에까지 사람들이 다시 찾아와 살 수 있을 것이다.

사람들이 오랫동안 농사를 지어온 기름진 논밭이 아니라 처음으로 개간하여 흙이 벌겋게 내보이는 척박한 땅에는 어김없이 콩을 심는다. 농사짓는 사람들의 이야기를 들어보면 콩 농사는 특별한 비료를 주지 않더라도 콩이 잘 자란다고 한다. 거기에는 그럴만한 이유가 있다. 콩과식물은 리조비움(*Rhizobium*) 속(屬)에 속하는 뿌리혹박테리아와 공생(共生)하기 때문에 뿌리혹박테리아가 만들어주는 영양분을 얻어 씩씩하게 살아간다. 콩과식물의 뿌리에 달린 뿌리혹에 자리 잡은 뿌리혹박테리아는 콩을 의지하며 살고 있다. 뿌리혹박테리아에게는 콩과식물의 뿌리가 그야말로 쉼터가 되는 셈이다.

그렇다고 해서 뿌리혹박테리아는 그저 콩과식물의 뿌리에 의지하면서 더부살이처럼 붙어사는 것이 아니다. 뿌리혹박테리아는 공기 중에 떠다니는 질소를 붙잡아 필요한 물질로 고정시키는 과정에서 콩과식물이 이용할 수 있는 영양분을 만들어 식물로 하여금 이용할 수 있도록 건네준다. 이처럼 리조비움 속이라는 이름을 가진 뿌리혹박테리아는 식물과 공생하면서 질소를 고정하는 대표적인 세균으로 잘 알려져 있다. 그러기에 콩 농사를 짓는 동안에는 눈에 보이지 않는 흙 속에서 이들 질소고정세균인 뿌리혹박테리아가 잘 살고 있기에 특별한 비료를 주지 않더라도 콩에게 필요한 영양분을 이들 공생균이 만들어주기 때문에 안심할 수 있다는 것이다.

공중의 질소를 고정시키는 모든 미생물을 통틀어 질소 고정균이라 부르는데, 그 가운데에서도 세균인 뿌리혹박테리아가 가장 널리 알려져 있다. 이들 질소 고정균들은 실제로 콩의 생육에 도움을 주는 것만이 아니라 지구 전체의 생명체가 나름대로의 생명을 유지하는 데에 더욱 중요한 의미를 가진다. 요즈음 농사짓는 데에 필요한 화학 비료를 비료공장에서 만들어 이용하는 것이 땅을 거름지게 하는 데에 어느 만큼의 도움을 주기는 한다. 그렇지만 흙이나 물속에 살고 있는 질소고정세균은 지구 전체의 질소순환과정에서 더욱 중요한 역할을 해주고 있다.

우리가 살고 있는 이 세상에서 찾아볼 수 있는 질소고정세균은 크게 나누어 두 가지 종류가 있다. 그 하나는 식물과 이익을 서로 나누어가지며 공생생활을 하는 종류이고, 다른 종류는 흙이나 다른 곳에서 독립생활을 하는 종류이다. 이 땅에서 질소를 고정하고 순환시키는 데에 관여하는 미생물은 한 종류만이 아니라 여러 종류가 있으며, 이들은 제각기 서로 다른 과정에 관여하고 있다. 콩과식물과 공생을 하며 질소를 고정하는 대표적인 종류는 앞에서 이미 언급한 리조비움이라는 세균이 있다. 리조비움은 특정한 식물종에 대해서만 공생관계를 유지하는 '종특이성'을 보인다. 이를테면 강낭콩과 공생하는 질소고정세균은 토끼풀에서 뿌리혹을 만들지도 않고 공생하지도 않는다. 이러한 사실을 아는 농민들은 작물에 따라 알맞은 질소고정세균을 의도적으로 넣어주기도 한다. 또한 요즈음에는 유전자재조합이라는 유전공학기술을 이용해 보다 효과적인 질소고정세균을 개발하고 있다.

　식물과 공생을 하지 않은 채 독립생활을 하면서 질소를 고정하는 미생물 종류로는 아조토박터(*Azotobacter*)가 널리 알려져 있다. 이 미생물은 중성이거나 혹은 약한 염기성인 조건을 공기가 잘 통하는 흙 속에서 살고 있다. 질소고정을 얼마나 잘 그리고 많이 하는가를 따져본다면 아조토박터는 주역을 맡기 어렵다고 본다. 아조토박터와 비교하면 바이예린키아(*Beijerinckia*)나 클로스트리듐(*Chlostridium*) 같은 미생물이 오히려 더 많은 양의 질소를 고정하기 때문이다. 그렇더라도 질소고정 비율을 보면 콩과식물과 리조비움과의 공생으로 생산되는 질소 고정량은 에이커당 연간 93킬로그램이나 된다. 이에 비해 시안세균은 8킬로그램이고, 아조토박터는 0.1킬로그램에 불과하다. 그야말로 질소고정의 양적인 차이는 생물종에 따라 엄청난 차이가 나는 셈이다.

　질소는 단백질을 비롯하여 다른 생명 물질을 구성하는 데에 아주 중요한 성분이다. 우리가 숨 쉬는 공기의 대부분을 차지하는 80%가 질소로 되어 있으므로 질소는 그야말로 무궁무진하다. 그렇지만 식물이 질소를 이용하려면 질소가 물에 잘 녹는 용해성 염으로 고정되어 있어야 비로소 사용이 가능하다. 요즈음 농사에 쓰이는 비료는 공장에서 생산한 것을 이용한다. 이 비료는 독일인 화학자 프리츠 하버(Fritz Harber)가 개발한 방법에 따라 수소와 질소를 고압과 400℃ 고온에서 철을 촉매로 반응시켜 암모니아 형태로 만들어낸 것이다. 암모니아는 질산으로 바뀌고 다시 질산염으로 바뀌면서 식물에 흡수될 수 있는 비료가 된 것이다. 이렇게 하버법이나 다른 공정을 이용해 공장에서 비료를 생산하는 데에는 대단히 많은 에너지와 비용이 들어갈 수밖에 없다.

공장에서 만드는 화학비료는 효과가 빠르고 사용이 간편하기에 해가 갈수록 점점 더 많이 사용하게 된다. 그러다 보니 필요 이상으로 많이 사용하는 비료 때문에 세계 곳곳의 토양이 제 힘을 발휘하지 못하고 어려움을 겪고 있다. 화학비료 속에 포함된 질산염이 농경지로부터 흘러나오는 물길을 따라 여러 곳으로 퍼지면서 나타나는 오염문제는 심각한 우려를 자아내고 있다. 이러한 환경오염 문제에 대처하는 방법에 대해서도 당연히 많은 사람들의 관심이 쏠리고 있는데, 과학자들은 미생물을 이용하여 질소를 고정하는 방법을 활용하고자 많은 노력을 기울이고 있다. 질소고정 미생물이 질소를 고정하는 작업은 질소효소(nitrogenase)를 이용하는 것이므로 하버가 개발한 방법처럼 고압이나 고온 조건에 따르지 않아도 된다. 그래서 미생물에 의한 질소고정은 당연히 자연을 살리는 환경 친화적인 방법이 되는 셈이다.

질소고정뿐만이 아니라 질소순환 과정에서도 미생물은 중요한 역할을 하고 있다. 미생물이 질소를 순환시키기 위해서는 두 가지 면에서 효과가 있어야 한다. 우선 한 가지는 동물과 식물이 죽은 조직이나 또는 이들이 내놓은 배설물을 분해

하는 것이다. 그리고 다른 하나는 질소가스를 대기 속으로 되돌려 보내 질소순환을 마무리하는 것이다. 여러 종류의 미생물 가운데 어떤 종류는 크고 복잡한 조직이나 분자를 더 작은 것으로 쪼개기도 하고 단백질이나 다른 질소 물질로 암모니아를 만들 수도 있다. 이러한 분해 과정이나 변화 과정을 맡아서 제대로 해낼 수 있는 미생물로는 니트로소모나스(*Nitrosomonas*)나 니트로박터(*Nitrobacter*)가 있다. 니트로소모나스는 암모니아를 아질산염으로 바꿀 수 있고 니트로박터는 아질산염을 질산염으로 바꾸는 능력을 가졌다. 이외에도 슈도모나스 데니프리피칸스(*Pseudomonas denitrificans*)를 비롯한 다른 종류의 세균들은 환원작용으로 질소를 대기 속으로 되돌릴 수 있다.

그렇다면 미생물에 의해 지구 전체에서 이루어지는 질소순환 양을 따져보면 도대체 얼마나 될까? 계산방식에 따라 다소간의 차이가 있겠지만, 아마도 한 해 동안에 에이커당 109톤이 될 것이라고 학자들은 예상한다. 어쨌거나 이는 대단한 양이라는 점에 이의는 없다. 그렇지만 전체 질소순환 양 가운데에서 하버의 방법에 따라 생산되는 비료가 25% 정도를 담당하고 번개나 다른 작용으로 만들어지는 것이 15% 정도를 담당한다고 하면 나머지 60%의 대부분은 미생물 작용에 의해서 이루어진다고 보아야 한다. 그러기에 화학비료를 생산하지 못했던 예전에는 필요량 거의 대부분을 미생물이 만들어주었다고 해도 거의 틀림이 없을 것이다. 옛 어른들의 이야기에 따르면 '번개가 많은 해에는 수확이 많다'고 한다. 화학비료가 없던 때에는 부족한 부분을 번개가 만들어주었기에 경험적으로 그런 말이 나왔을 것이다. 이제 우리는 그 이유에 대해 조금은 이해할 수 있을 것이다.

질소를 고정하는 미생물이 약 60% 정도의 필요한 질소 성분을 식물에게 제공한다는 사실을 우리는 거의 생각하지도 못한다. 잠깐 동안이라도 없어서는 안 되는 공기의 중요성을 생각하지 못하는 것처럼, 우리는 질소고정세균들의 중요한 역할을 제대로 이해하지도 못하고 있는 것이다. 이들은 아주 오래 전부터 지금까지 항상 우리 곁에 있기에 우리는 그냥 그러려니 할 뿐이다. 또한 이 순간에도 이들이 우리 곁에 있기에 굳이 그들의 존재를 의식하지도 않고 눈길조차 줄 생각도 안 한다. 그런데도 이들 미생물들은 섭섭해 하지도 않고 옛날부터 그랬던 것처럼 지금도 말없이 자기 일만 충실히 해나가고 있다.

아프간에 콩을 심자

중동지역에 위치한 아프간은 방글라데시, 소말리아와 더불어 세계에서 가장 살기 어려운 국가 가운데 하나이다. 아프간의 국민총생산은 물론이거니와 개인 소득 수준도 세계에서 가장 낮은 수준의 국가에 속한다. 아프간이 이와 같이 어려운 상황을 맞이한 것은 아프간 정부가 국민을 위한 정책을 펴지 않아서라기보다 오랫동안 이어온 반정부 단체와의 내전으로 국민을 위한 올바른 정책을 펴나갈 수가 없었기 때문이라고 말할 수 있다.

세계 여러 나라의 민간단체와 종교단체들이 내전의 어려움 속에서 고통 받는 아프간 사람들을 위해 인도적인 차원에서라도 무엇인가 효과적으로 돕는 방법을 찾아보다가 한 가지 좋은 방법을 찾아내었다. 그것은 척박한 땅에서도 잘 자랄 수 있는 작물인 콩을 심는 것이었다. 콩은 공기 중에 거의 80퍼센트를 차지하는 질소를 고정하여 자신은 물론 식물에게도 필요한 양분을 만들어내는 뿌리혹박테리아와 공생관계를 유지한다. 물론 콩과 공생하는 뿌리혹박테리아를 달리 말하자면 질소고정세균이라고 부른다.

아프간 사람들은 열악한 생활환경 속에서 살다 보니 영아와 유아의 사망률이 매우 높고 이와 더불어 임산부마저 사망률이 높은 편이다. 이처럼 영아와 유아 및 임산부의 사망률이 높다는 것은 그만큼 이들이 먹을 수 있는 음식물이 부족하고 영양 상태가 형편없다는 것을 말해준다. 아프간 국민들의 부족한 영양 상태를 보충해주는 방법으로는 고기를 비롯하여 우유나 콩 등으로부터 얻을 수 있는 단백질을 충분히 공급해주는 것이다. 그렇지만 내전에 휩싸여있는 이들에게 고기나 우유를 안정적으로 공급해주는 일을 그리 쉬운 일이 아니다. 그렇기 때문에 콩을 재배해 콩에 포함된 단백질을 공급해줄 수 있는 것은 가장 경제적인 방법이라 생각할 수 있다. 더욱이 콩은 세 달만 재배하면 수확할 수 있으니 콩을 재배하여 콩단백질을 제공하는 것이 가장 쉬운 방법이라고 할 수 있다. 이러한 생각으로 여러 단체에서는 아프간 사람들에게 콩 종자를 나누어주어 이들로 하여금 콩을 심어 기르도록 하였다.

척박한 땅에서도 잘 자랄 수 있는 콩을 심고 세달 동안 잘 키워 수확하면 약 40배나 많은 콩을 얻을 수 있다고 한다. 다시 말해서 1톤의 콩 종자를 심어 잘 키우면 40톤의 콩을 얻을 수 있다는 것이다. 그런 다음에 이들이 수확한 콩은 단체가 다시 되사서 다른 곳으로 가져가 이익을 남기는 경제활동을 하기보다는 아프간 사람들에게 도움이 되는 방향으로 활용하는 방법을 생각하게 되었다. 그것은 사들인 콩으로 두유를 만들고, 이 두유를 다시 아프간 사람들에게 나누어주는 것이다. 물론 두유를 만들고 남은 비지는 쿠키로 만들어 아프간 어린이들에게 나누어주는 것은 그야말로 일석 삼조의 효과를 보여주는 것이다.

아프간 사람들이 재배한 콩을 되사줌으로써 아프간 사람들에게 돈을 벌게 하는 것이 첫 번째 좋은 점이고, 아프간 사람들로부터 사들인 콩으로 두유를 만들어 이들에게 나누어주는 것은 아프간 사람들에게 필요한 영양분을 제공하는 것이 또한 두 번째 좋은 일이다. 그리고 두유를 만들고 남은 비지로 쿠키를 만들어 어린이들에게 나누어주는 것은 세 번째 좋은 점으로 꼽을 수 있다. 이밖에도 아프간 사람들이 재배한 콩을 조리해 먹을 수 있는 요리법을 가르쳐줌으로써 콩에 포함된 단백질을 이용하게 하는 것까지 생각하면 아프간에서 콩을 심는 것은 일석 사조의 효과를 볼 수 있다고 할 수 있다.

아프간에 두유공장 하나를 짓는 비용은 약 2만 달러면 가능하다고 하며, 아프간 사람들이 재배한 콩을 사서 두유를 만드는 비용 또한 연간 2만 달러 정도면 가능하다고 한다. 두유공장 한 채와 연간 운영비를 합쳐 4만 달러 정도로 아프간 한 지역의 경제는 물론 그 사람들의 건강까지 도움을 줄 수 있다는 것은 사람 사는 세상에서 느낄 수 있는 아름다운 일 가운데 하나이다. 실제로 아프간에서 어린이들에게 비지로 만든 쿠키를 세달 동안 먹여보았더니 어린이들의 얼굴에 화색이 돌더라는 봉사자들의 이야기도 들리고 있다.

척박한 땅에서 특별한 비료를 주지 않아도 잘 살아남는 콩의 비밀은 콩과 공생하는 뿌리혹박테리아 때문이다. 내전의 고통과 어려움 속에서도 자그마한 삶의 희망을 붙들고 살아남으려는 아프간 사람들의 노력은 마치 콩과 뿌리혹박테리아의 공생관계를 떠올리게 한다. 어려움과 고통은 여럿이 함께 하면 가벼워진다고 하며, 희망과 즐거움은 여럿이 함께 할수록 더욱 커진다는 말이 너무나도 실감나게 다가온다. 더욱이 자식과 가족의 건강을 지키기 위해 콩요리 강습모임에도 참여하

는 아프간 여성들의 변화해가는 모습이 생각 속에 문득 스쳐
지나간다. 어려운 환경 속에서 고통을 이겨내며 꿈과 희망을
담은 콩 씨앗을 심는 일이야말로 콩과 뿌리혹박테리아가 나누
는 공생의 아름다움을 우리와 함께 살고 있는 아프간 사람들
의 세상에서도 보이는 것이라는 생각이 든다.

3. 바람의 선물, 발효 이야기

삶의 모습

살아 있는 생명체는 모두가 자기만의 독특한 삶의 모습을 갖추고 살아가고 있다. 우리 눈에 보이지 않는 작은 생물인 미생물도 나름대로 독특한 생활을 하는 것도 어쩌면 당연한 일이다. 너무나도 작은 미생물이 살아가는 방법도 우리가 보기에는 너무나 신기한 모습이다. 물론 '신기하다'는 말은 다분히 우리가 중심이 되어 생각하기에 나오는 말이다. 한편으로 미생물의 입장에서 본다면 그들은 자신의 생명을 유지하기 위한 가장 기본적인 활동을 하는 것일 뿐이다. 그것은 미생물이 생장에 필요한 영양분을 흡수하고 살기에 적당한 장소를 찾아가며 삶의 조건이 알맞으면 순식간에 자손을 늘리는 것으로 생물이면 당연히 해야 하는 지극히 평범한 생활 모습이다. 사람들도 살아가기 위해서 가장 필요한 조건으로 의·식·주를 꼽듯이 미생물의 입장에서 이들의 의·식·주를 생각해보는 것도 대단히 흥미로운 일이다.

사람들이 살아가는 데 가장 먼저 꼽는 옷을 입는 것과는 달리 동물이나 식물은 옷을 입지 않는다. 그러나 모든 동식물들은 내부와 전혀 다른 독특한 겉모습을 갖추고 있다. 이처럼 생물들의 겉모습은 종류마다 제각기 다르더라도 내부를 보호한다는 기본적인 뜻은 모두가 한결같다. 다만 이들 생물들의 살아가는 생활 방식이 종류마다 다르기 때문에 이들의 독특한 삶의 방식에 맞추어 종류마다 겉모습이 서로 다르게 나타난 것이다. 미생물의 경우에도 종류마다 서로 다르게 보이는 겉모습은 내부를 보호하는 기능을 가진 것은 물론이거니와 여러 가지 필요한 영양분을 흡수할 수 있는 기능도 가지고 있으며 필요에 따라 움직일 수 있는 유연한 모습까지도 갖추고 있다. 이처럼 독특한 기능을 갖추고 있는 여러 종류의 미생물은 세포막이라는 특별한 구조와 서로 다른 겉모습을 보여주고 있다.

미생물도 생물의 일종이므로 살아가는 데에 필요한 에너지를 얻기 위해 양분을 섭취해야 한다. 미생물은 필요한 영양분을 스스로 만들지 못하므로 어떻게 해서든지 필요한 영양분은 외부로부터 받아들여야 한다. 영양분을 받아들이는 섭취 작용은 외부와 맞닿아있는 세포막에서 이루어질 수밖에 없다. 미생물에게 필요한 영양물질은 대부분이 유기물질이다. 또한 미생물이 주위로부터 얻는 유기물질은 대부분이 고분자 형태로 존재한다. 미생물이 섭취하는 영양물질도 생물이 먹어야하는 음식물과 서로 다르지 않은 것이다. 그러므로 미생물도 주위로부터 고분자물질을 받아들인 다음에는 몸 안에서 이들을 분해할 수 있는 효소를 갖추고 있어야 한다. 미생물은 이러한 효소를 이용한 대사 작용을 하면서 영양물질을 저분자 상태로 바꾸어 필요한 에너지를 얻어 생명 활동에 이용한다.

미생물은 생명 활동을 위한 에너지를 얻고자 필요한 대사 작용을 마무리하면서 여러 가지 부산물을 부수적으로 만들어내기도 한다. 이러한 부산물 가운데 어떤 것은 사람들이 유용하게 쓸 수도 있다. 미생물이 우리에게 이용 가능한 물질을 만들어내는 이러한 과정을 우리는 특별히 발효(醱酵, fermentation)라고 부른다. 미생물이 만들어내는 대표적인 발효산물로는 알코올을 꼽을 수 있다. 여기서 말하는 알코올은 화학적으로 에틸알코올(ethyl alcohol)을 말하며 간단히 줄여서 에탄올(ethanol)이라고도 부른다. 막걸리를 비롯한 맥주와 포도주 등은 모두가 효모(酵母, yeast)의 알코올 발효를 이용한 발효주이다. 알코올 이외에도 미생물의 발효작용으로 만들어낸 대표적인 발효식품은 우리가 매일 먹고 있는 김치를 비롯하여 된장, 간장, 고추장과 대부분의 절임류와 젓갈 등을 꼽을 수 있으며, 우유 발효식품으로는 버터와 치즈 그리고 여러 종류의 요구르트들이 있다. 발효식품 가운데 식초는 효모가 아닌 초산균(醋酸菌)이 일으키는 초산발효 과정을 이용한 식품이다.

우리나라 사람들은 오래 전부터 식생활에서 발효식품을 많이 이용하였다. 하루 세끼 밥을 먹을 때마다 빼놓을 수 없는 반찬이 바로 김치이다. 이처럼 밥과 반찬으로 김치는 빼놓을 수 없는 것인데, 밥을 먹을 때에 반찬으로 먹는 김치가 없다면 누구나 난감해 한다. 김치 대신으로 이런저런 반찬을 찾아보지만, 마땅한 반찬이 없을 때에는 어쩔 수 없이 고추장에 비벼 먹거나 아니면 간장이라도 찍어먹는다. 이와 같이 우리가 밥을 먹을 때에 함께 먹는 반찬의 종류를 살펴보면 이런저런 김치를 비롯하여 여러 종류의 젓갈 그리고 갖가지 절임류나 몇 가지 장류를 꼽을 수 있다. 이처럼 우리가 끼니때마다 먹는 반찬을 따져 보면 거의 모두가 발효음식들이다

사람들이 음식을 먹을 때에는 자연에서 얻은 먹을거리를 그대로 먹기도 한다. 여러 종류의 식물 이파리나 열매는 자연에서 채취한 그대로 먹을 수 있으며 더욱이 신선한 맛을 우리에게 안겨준다. 한여름에 많은 사람들이 식사 때마다 별미로 즐기는 상추쌈은 그대로 먹는 대표적인 채소이다. 서양에서는 여러 종류의 식물 이파리를 샐러드 형태로 먹는데, 이 또한 신선한 맛을 즐기는 경우라고 할 수 있다. 그런데 신선한 음식물은 오래 보관하여 언제든지 먹을 수 있는 것이 아니다. 요즈음처럼 냉장고가 없던 옛날에는 먹을거리를 신선하게 보관한다

는 것이 매우 어려웠다. 그래서 사람들은 먹을거리를 오랫동안 보관할 수 있는 여러 가지 방법을 생각해내었다.

사람들은 집안 정원에 여러 종류의 꽃식물을 심어 두고 아름다운 꽃이 피면 그것을 보고 즐겼다. 집안에 정원을 가꾸지 않더라도 화분에서 피어난 꽃을 보고 즐기기도 하였다. 정원이나 화분에서 꽃을 가꾸는 것이 아니더라도 사람들이 아름다운 꽃을 즐기는 방법으로는 화병에 꽃을 꽂아두는 방법이 있다. 사람들이 화병에 꽃을 꽂아두고 긴 시간 동안 즐기는 것은 물속에 꽃이 핀 줄기를 담가두고 꽃이 마르지 않도록 돌보아주는 것이다. 꽃은 살아있는 식물이니만큼 물을 주어가며 마르지 않도록 하면서 꽃의 수명을 연장시키는 방법이 가능하다. 살아있는 식물은 물을 빨아들이며 살 수 있기에 얼마동안의 생명 연장은 가능하다.

화병에 꽃을 꽂는 것처럼 식물 줄기나 이파리에 촉촉하게 물기를 묻혀주면 며칠간이라도 신선한 상태로 보관할 수 있다. 이파리를 먹는 식물성 음식물도 기본이 식물이기에 얼마동안 싱싱한 상태로 보관할 수 있기 때문이다. 그렇지만 동물성 음식물 이를테면 고깃덩이는 물에 담그는 방법으로는 오랫동안 보관할 수가 없다. 아무리 헝겊이나 종이로 꼭꼭 싸두더라도 하루 이틀 정도만 지나면 상하기 때문이다. 이러한 변화 과정에 대해 굳이 과학적인 설명을 하지 않더라도 누구나 그것이 부패(腐敗, perpetuation)라는 것을 잘 알고 있다. 부패 과정을 조금 더 살펴보면 그것은 바로 미생물이 음식물에 작용하여 썩게 만드는 것이라는 사실도 어렵지 않게 알 수 있다.

우리가 아작아작 씹어 먹을 수 있는 푸성귀는 얼마든지 그대로 먹을 수 있지만, 딱딱하거나 질긴 음식 재료인 경우에는 그냥 먹는 것보다도 열을 가해 익혀 먹는 것이 훨씬 먹기에도 좋다. 음식 재료에 열을 가해 익히는 방법에는 끓이거나 삶거나 굽거나 볶거나 하는 등의 여러 가지 방법이 있다. 물론 음식 재료를 불에 익히는 동안에 다른 재료를 추가하여 더 맛있는 음식으로 만들 수도 있다. 이러한 작업을 우리는 '조리'라고 한다. 이렇게 열을 가해 조리한 것은 더 이상 음식 재료가 아닌 하나의 음식으로 대접받는다. 더욱이 조리한 음식은 사람들이 쉽게 씹을 수 있고, 또한 소화도 잘 되는 장점을 가진다. 게다가 조리한 음식은 부피도 줄어들어 작은 그릇에 담아 나누어 먹기에도 좋다.

열을 가해 조리한 음식은 음식 재료가 처음처럼 그대로의 모습이 남아 있지 않고 잘리거나 부스러진 상태이므로 더 빨리 상할 수 있다. 다시 말해서 조리한 음식에서는 미생물에 의한 부패가 자연 그대로의 상태보다도 더 빠르게 일어날 수 있다는 말이다. 그렇기 때문에 사람들은 오래 전부터 음식을 만드는 재료를 어떻게 하면 원래의 상태 그대로 변하지 않고 오랫동안 보관할 수 있는지 그 방법을 찾아내고자 노력하였다. 이것은 음식이 상하는 부패작용이 미생물에 의해 일어나는 것임을 알았기 때문에 음식이나 음식 재료를 잘 보관하기 위해서는 어떻게 해서든지 미생물의 영향으로부터 벗어나도록 처리해야만 했다.

한편 미생물이 음식을 상하게 만드는 것을 부패라고 한다면, 이에 반대되는 뜻으로 발효를 생각할 수가 있다. 발효는 부패와 마찬가지로 미생물이 일으키는 반응이기는 하지만, 우리에게 도움을 주는 방향으로 일어나는 미생물반응을 일컫는다. 다시 말해서 미생물이 음식 재료에 반응하여 우리 입맛에 맞고 영양가도 높은 음식으로 만들어주는 것이 발효작용이다. 따라서 음식 재료에 발효 미생물이 반응하여 우리에게 도움을 주는 방향으로 만들어낸 음식이 바로 발효식품(醱酵食品)이다.

우리는 오래 전부터 우리 식생활 속에서 여러 종류의 발효식품을 만들어 먹었다. 우리가 끼니때마다 거르지 않고 즐겨 먹는 반찬의 대다수가 발효미생물을 이용한 발효식품이라는 사실이 이를 잘 말해 준다. 배추나 무는 물론 사람들이 그대로 먹을 수 있는 것이지만, 이를 발효시켜 김치로 만들어 먹으면 더 맛있고 오랫동안 즐기며 먹을 수 있다. 고추나 마늘 또는 오이나 깻잎 등의 채소도 절임으로 만들어 놓으면 필요한 때에 꺼내 먹을 수 있어서 효과적인 저장 방법이 되기도 한다. 굳이 채소만이 아니라 여러 종류의 물고기도 소금을 더해 젓갈로 만들면 필요한 때에 얼마든지 이용할 수 있는 훌륭한 저장 방법이 된다. 이와 같은 절임류나 젓갈류도 우리 음식에서 빼놓을 수 없는 훌륭한 발효식품들이다.

사람들이 맛있는 음식을 찾는 것은 당연한 일이므로 여러 종류의 음식을 만들어 상하지 않도록 보관하면서 즐기도록 하는 것도 식품이 갖추어야 할 덕목의 하나이다. 그래서 사람들은 목적에 따라 여러 종류의 첨가물을 식품에 넣는다. 식품의 산화를 방지하려는 목적에서 항산화제를 넣어주고, 미생물의 활동을 막기 위해서는 항균 방부제를 첨가하고, 금속의 영향을 억제시키는 목적으로 금속 제거제를 넣고, 식품의 맛을 더 해주고자 향미 증진제 등을 첨가하기도 한다. 이 외에도 식품을 연하게 하거나 딱딱하게 만들기 위해서는 연화제와 경화제 등을 넣어준다. 이러한 물질들은 모두가 대표적인 식품 첨가물들이다.

항균 방부제는 식품을 상당히 오랜 기간 보관할 수 있도록 해준다. 집안에서 만들어먹는 음식과 달리 상품으로 판매하는 식품은 상당한 기간 저장과 유통 기간을 거쳐야 하므로 그 동안 변질되지 않도록 적당한 방법으로 처리해야 한다. 항균 방부제로 이용되는 물질은 우선 사람이 먹더라도 해가 없어야 하고 다음으로 식품의 변질을 막을 수 있어야 한다. 그러기에 이러한 방부제를 사용하지 않으면 쉽게 세균에 의해 부패하거나 또는 세균성 식중독을 일으킬 수 있는 햄이나 소시지 등에 주로 첨가하며, 쌀처럼 소비가 많은 식품에는 사용하지 못하도록 막는다.

식품의 보존성을 높이기 위한 식품 보존 재료로 쓰이는 것으로는 부패 세균과 곰팡이 발육을 억제시키는 방부제와 방미제가 있다. 어느 것이나 식품에 들어 있는 미생물의 증식을 억제시켜 보존 효과를 나타낸다. 그렇지만 미생물의 증식을 억제하는 것은 어느 정도 독성이 있으므로 이를 사용할 때에는 대상과 용량을 엄격히 지켜야 한다. 더구나 식품 보존 작용은 절대적인 것이 아니라 부패하기까지의 시간을 연장하는 것이므로 소비자들의 특별한 관심과 주의가 필요하다.

대표적인 항균 방부제 물질로는 비알코올성 음료, 과일 주스, 시럽, 마가린, 피클, 잼 젤리 등에 첨가하는 벤조산나트륨(sodium benzoate)이 있고, 식육 제품이나 어육연제품, 된장과 고추장 및 절임류 등에는 소르브산(sorbic acid) 종류가 많이 쓰이며, 빵, 초콜릿, 치즈 등에 넣는 프로피온산나트륨(sodium propionate)도 있다. 식품에 합성 보존제를 사용하는 경우에는 그 사실을 반드시 표시하도록 법으로 정하고 있다. 사람들이 먹는 음식에 들어가는 식품 첨가물은 어떠한 방법으로든지 항상 알고 먹도록 밝혀야 한다.

지방질이나 비타민 A, D 등이 포함된 음식의 산패를 방지하기 위해 사용하는 것이 식품 산화 방지제이며 줄여서 항산화제라고도 부른다. 항산화제 또한 미생물의 활동으로 일어나는 산화 부패 작용을 억제하는 기능을 가진다. 가장 널리 사용되는 항산화제로는 아스코르브산(ascorbic acid)과 부틸화히드록시아니솔(butylated hydroxyanisole, BHA)과 부틸화히드록시톨루엔(butylated hydroxytoluene, BHT)을 꼽을 수 있다. 항산화제가 지방의 산화를 방지하는 과정은 간단히 설명하자면, 항산화제에 들어 있는 수산기(-OH)의 수소 원자를 화학적 활성이 큰 물질에 건네주어 지방과 산소 사이의 반응을 막아버리는 것이다. 항산화제를 사용하지 않으면 지방은 산화되어 휘발성인 알데히드나 케톤 그리고 산의 복합 혼합물을 만들어 이상한 냄새나 맛을 낸다. 물론 이러한 물질의 화학적인 변화는 결과적으로 음식이 부패되는 과정이다.

요즈음에는 과학과 기술의 발전에 힘입어 이런저런 화학약품을 음식에 첨가하여 식품보존을 꾀하고 있다. 그런데 화학약품을 사용할 수 없었던 예전에는 어떻게 음식을 오랫동안 보존할 수 있었을까? 그야말로 전통적인 음식물 보관법을 이용했을 터인데, 그 방법은 오랫동안 우리 생활 속에서 유용한 방법으로 전해 내려온 '생활의 지혜'였을 것이다. 옛날에 음식물을 보존하는 방법이라고 한다면, 햇볕에 말리거나 소금에 절이는 등의 간단한 방법이지만 그 원리를 살펴보면 의외로 놀라운 과학적인 지식과 기술이 담겨있다. 허투루 아무렇게나 처리한 방법이 아닌 것이다. 그 속에는 특별한 의미가 있고 설명이 가능한 과학적인 원리가 들어있다.

　이전부터 사람들은 미생물의 생육을 억제하는 가장 간단한 방법을 이용한 셈이다. 이는 자연에서 쉽게 얻을 수 있는 방법이기에 비용이 많이 들어가지도 않는다는 좋은 점이 있고, 누구나 쉽게 이용할 수 있다는 편리한 점도 있다. 이와 더불어 조금 더 신경을 쓴 방법이라면 발효식품을 이용한 것이다. 발효식품은 우리가 생각하는 것처럼 단순히 또 다른 하나의 음식을 준비한 것만이 아니다. 오랜 시간을 두고 먹을 수 있는 발효음식은 음식의 한 종류를 만든 것뿐인데, 그 내용을 살펴보면 맛과 영양은 물론 소화와 흡수도 좋아 효과적인 영양식인 동시에 위생적인 음식이기도 하다는 더 좋은 점이 있다. 이 가운데에서 발효음식이 무엇보다도 좋은 점은 오랫동안 보관할 수 있다는 것이다.

　다시 말해서 발효식품으로 가장 널리 알려진 김치를 예로 들더라도 김치는 그저 밥과 함께 먹는 반찬의 한 종류만이 아니라는 것이다. 김치는 사람들이 겨울 동안 보충할 수 없는 푸성귀를 먹을 수 있는 아주 현명한 방법이 되기 때문이다. 발효식품인 김치를 개발하지 않았다면 우리는 겨우내 채소를 먹지 못해 균형 있는 영양을 얻지 못하고, 비타민이라는 특수영양분을 공급받을 수 없어 따뜻한 봄이 오기만 기다리며 겨우내 큰 어려움을 겪을 수밖에 없었을 것이다.

알코올 발효

미생물의 발효 작용으로 만들어낸 대표적인 음식이라면 누가 무어라 해도 술을 꼽지 않을 수 없다. 술이 음식인지 아닌지 따지는 것도 조금은 웃기는 이야기 같지만, 많은 사람들이 갖고 있는 술에 대한 믿음이나 오해가 하도 많아 잠시 생각해 보는 것도 그리 쓸데없는 공상이라고만 할 수는 없는 것 같다. 우선 음식이라고 하면 마시는 것과 먹는 것을 뜻하는 말이다. 말 그대로 마실 음(飮) 자와 먹을 식(食) 자를 합한 단어이니 그럴 만도 하다. 우리말에서 '먹다'와 '마시다'는 영어에서도 'eat'과 'drink'로 표기한다. 이처럼 우리가 먹고 마시는 것을 통틀어 음식이라고 부르며, 이것을 세분하여 순수한 우리말로 옮긴다면 '먹을거리'와 '마실거리'라고 부를 수 있다.

사람들은 기분이 좋을 때나 안 좋을 때를 가리지 않고 술과 친구를 한다. 물론 사람들은 혼자서 술을 즐기는 것보다는 여럿이 함께 즐기는 것을 더 좋아한다. 아마도 사람들은 술과 함께 어울리는 분위기가 더 좋아서 그러할 것이다. 이처럼 술은 어느 사인엔가 우리 생활에서 빼놓을 수 없는 필수적인 요소가 되어버렸다. 그런데 많은 친구에게 함께 '술 한 잔 하자'는 권유의 말로 '술 먹자'라고 말한다. '술 마시자'가 아니라 '술 먹자'라고 하더라도 사람들은 당연한 권유의 말로 받아들인다. 아니 사람들은 '밥 마시자'라고 말하면 껄끄럽게 생각할 터인데 이처럼 '술 먹자'라고 말해도 당연하게 받아들일 수 있을까? 분명히 '먹다'와 '마시다'의 차이는 뚜렷한 데도 말이다.

술은 분명히 우리가 알고 있는 바로는 당연히 액체 상태이다. 그러기 때문에 바른 말로 표현하자면 물처럼 '마시다'라고 말해야 한다. 그런데도 우리는 '술 먹는다'라는 말을 그리 이상하게 생각하지 않는다. 그것은 어쩌면 우리 음식 문화의 한 단면을 보여주는 것이라고 할 수 있다. 조선시대 권주가에서도 '한 잔 먹세 그려. 또 한잔 먹세 그려. ………' 하면서 함께 술 먹자는 노래가 전해 내려온다. 그만큼 오래 전부터 '술 먹는다'는 말이 널리 쓰였다고 할 수 있다. 그리고 사람들에게는 술 먹는다는 생각이 오랫동안 자리 잡고 있는 것이다.

우리가 술을 즐길 때에는 술잔에 술을 따라 술만 마시는 것이 아니다. 술 한 잔 마신 다음에는 으레 안주거리를 먹기 마련이다. 그야말로 술꾼이라고 한다면 계속해서 술만 마실 수 있겠지만, 대부분의 사람들은 술 마시고 안주 먹고를 반복한다. 그래서 우리가 술 마실 때에는 당연히 적당한 안주거리를 마련해야만 한다. 이처럼 술과 안주가 곁들인 것이 우리의 음주 문화이기에 술은 마시는 것이지만 동시에 먹는 것이라는 생각이 사람들에게 자연스럽게 받아들여지고 있다. 이처럼 우리 음식 문화 속에서는 술 마시는 음주 문화가 술 먹는다는 음식문화의 하나로 자리 잡은 것이라고 생각할 수 있다. 자! 그런 의미에서 또 한 잔 먹세 그려!

지금까지 우리의 술 마시는 문화에 대해 잠깐 알아봤으니, 이제 우리의 대표적인 발효식품인 술에 대해서도 간단히 살펴보기도 하자. 우리가 아는 것처럼 술은 액체 상태인 일종의 화학물질이다. 우리 생활 주변에서 볼 수 있는 수많은 종류의 화학물질이 모두가 똑같은 것은 아니므로 아무렇게나 대충 부를 수는 없다. 그러기 때문에 각각의 화학물질은 나름대로 독특한 이름을 갖고 있다. 자, 이제 생각을 좀 하는 사람이라면 이쯤에서 술은 어떤 이름을 가진 화학물질인지 궁금한 생각이 들 것이다. 술은 당연히 일반명이고 화학물질을 의미하는 전문용어로는 알코올(alcohol)이라 부른다. 그러나 어떤 사람은 술은 우리말이고, 알코올은 술을 뜻하는 영어라고 생각하기도 한다.

이왕 내친 김에 알코올과 관계있는 화학물질에 대해 조금만 더 알아보자. 알코올이라는 화학물질은 탄소 분자를 기본으로 구성된 알킬기(alkyl group, R)에 수산기(hydroxyl group, −OH)가 결합된 형태이다. 그래서 알코올은 구조를 바탕으로 간단히 R-OH로 표기하기도 한다. 여기에서 보는 것처럼 기본이 되는 알킬기의 탄소 수에 따라 물질의 구조와 성질이 결정된다. 한편 생물체는 모두가 탄소와 수소, 그리고 산소 분자를 갖고 있는 유기물질로 구성되었다. 유기물질 가운데 탄소 분자를 중심으로 주변을 꽉 채우듯이 수소 분자가 빈틈없이 결합된 물질을 알칸(alkane)이라 부른다.

알칸이라 하더라도 모두가 똑 같은 것이 아니라, 그들이 기본으로 가지고 있는 탄소 분자 수에 따라 특별한 이름을 가진다. 탄소 분자가 한 개이면 메탄(methane), 두 개이면 에탄(ethane), 세 개이면 프로판(propane), 네 개이면 부탄(butane), 다섯 개이면 펜탄(pentane), 여섯 개이면 헥산(hexane), 일곱 개이면 헵탄(heptane), 여덟 개이면 옥탄(octane), 아홉 개이면 노난(nonane) 그리고 열 개이면 데칸(decane)이라고 한다.

이들 알칸이 다른 분자와 결합하여 또 다른 물질을 구성하는 경우에는 이름 뒤에 -yl이라는 형용사 어미를 붙여 새로운 물질 이름을 붙인다. 예를 들자면 알칸이 수산화기와 붙어서 새로운 물질을 만든 것이 바로 알코올이다. 이렇게 알칸에 수산화기 하나가 붙기 위해서는 알칸에 붙어 있는 수소 분자 하나가 빠지고 그 자리에 수산기가 붙어야 한다. 구체적인 예로 메탄(CH_4)에 수산기($-OH$) 하나가 붙는다면 메탄에 붙어 있는 수소 분자 하나가 빠지고 그 자리에 수산화기 하나가 대신 붙게 되는데, 이 새로운 물질을 메틸알코올(CH_3OH)이라고 부른다. 따라서 알코올의 일반적인 구조식은 $C_nH_{2n+1}OH$가 되는 것이다.

이제 우리는 화학물질로서의 알코올에는 한 종류만 있는 것이 아니라 탄소 수에 따라 여러 종류가 있다는 것을 알게 되었다. 탄소 분자가 하나이면 메틸알코올이고 두 개이면 에틸알코올 그리고 세 개이면 프로필알코올 하는 식으로 탄소 수에 따라 다른 이름을 붙인다. 그런데 알코올은 우리 생활에서도 많이 이용되는 물질이므로 이들 이름을 줄여서 부르기도 한다. 메틸알코올은 메탄올(methanol), 에틸알코올은 에탄올(ethanol), 프로필알코올은 프로판올(propanol) 그리고 부탄올(butanol), 펜탄올(pentanol) 등으로 편리하게 줄여서 부른다.

술은 사람이 만드는 것이라고 하지만 사람들은 그저 필요한 재료를 순서대로 넣어주고 적당한 장소에 놓아두었을 뿐이다. 실제로 술을 만드는 일은 효모(酵母, *Saccharomyces cerevisiae*)라는 미생물이 알아서 하는 일이다. 효모는 '뜸팡이'라고도 부르는 곰팡이의 일종으로 자연에 널리 분포하고 있다. 이 효모는 음식물 속에 들어 있는 포도당 같은 당류를 에틸알코올과 이산화탄소로 바꾸어주는 일을 한다. 이것을 우리는 '알코올 발효'라고 하며 다른 말로는 '주정(酒精)발효'라고도 부른다. 화학식으로 표기하면 다음과 같다.

$$C_6H_{12}O_6 \rightarrow 2C_2H_5OH + 2CO_2$$

다시 말해서 포도당 한 분자가 두 분자의 에틸알코올과 두 분자의 이산화탄소로 바뀌는 것이 바로 알코올 발효 과정이다.

효모를 비롯하여 다른 세균이나 곰팡이 등의 미생물이 유기물을 분해하여 우리에게 유용한 성분을 만들어줄 때 그 과정을 우리는 발효(醱酵, fermentation)라고 부른다. 한편 또 다른 미생물들이 유기물 가운데에서도 특별히 단백질 성분을 분해하여 악취가 나는 화학물질을 만들어내는 작용을 부패(腐敗)라고 한다. 발효의 원래 음가는 '발교'인데, 언제부터인가 원래 음가인 '교'를 '효'로 발음하면서 지금처럼 굳어져버렸다. 한자 사전에도 '酵'자는 '1) 술 괼 효·교 2) 뜸팡이 효·교'와 같이 두 가지 음가로 설명되어 있다. '酵'자를 원래의 음가대로 표기한 예는 구약성서 출애굽기에서 이스라엘 민족이 가나안 땅으로 이동하면서 무교병을 먹었다는 기록이 나오는데, 이 '무교병(無酵餅)'이 바로 발효시켜 만들지 않은 빵을 일컫는 것이다.

술의 기원이 선사시대까지 올라가는 것으로부터 우리는 몇 가지 가능성을 생각해볼 수 있다. 우선 술을 만드는 방법이 그리 어렵지 않다는 점을 꼽을 수 있다. 우리가 집안에서 포도주를 만들려면 수확한 포도에서 이물질만 제거한 후에 포도를 주물러 으깨거나 또는 그대로 항아리에 담아 두면 된다. 그늘지고 선선한 장소에 놓아두면 시간이 지나면서 저절로 포도주가 익으니 그야말로 아주 간단한 일이다. 다음으로 생각할 수 있는 것은 어쩌면 술을 만들어주는 효모가 우리 주변 어디든지 있기에 가능한 일이라고 생각할 수 있다. 포도주 예를 들자면 포도껍질에 묻어있는 흰 가루가 바로 포도의 당분을 알코올로 발효시키는 효모이기 때문이다. 효모는 우리 눈에 보이지 않지만, 영양분이 있는 곳이라면 우리 주변 어디에서든지 살고 있다. 한편 많은 사람들이 포도껍질에 묻어 있는 흰 물질이 농약이라 잘못 알고 있는 경우가 많은데, 포도에 농약을 뿌렸다고 하더라도 수확기까지 흰색으로 남아있을 리가 없다. 마지막으로 생각해볼 수 있는 것은 술은 예전부터 사람들이 너무나 좋아한다는 것이다. 한번 맛보고 가까이 할 것이 아니라고 생각했다면 술은 지금까지 우리 곁에 살아남지 못하고 벌써 사라지고 없을 것이다.

술을 만드는 일이 비교적 간단하고 쉽다고는 하지만, 자세히 살펴본다면 그 안에는 아무나 할 수 없는 특별한 기술이 들어있다는 것을 알 수 있다. 이러한 사실을 알지 못한 채 술 빚는 과정에서 우리가 지켜야 할 몇 가지를 제대로 지키지 않으면, 제 맛이 나는 좋은 술을 얻을 수 없다. 이것을 그저 한 마디로 뭉뚱그려 정성이라 표현할 수도 있겠지만, 그 안에는 몇 가지 과학적인 사실이 포함되어 있다. 술 빚는 정성과 맛 좋은 술 사이에 들어있는 과학적인 사실을 찾아보고 그에 대해 설명해보는 것도 재미있는 일이다.

정성을 들여 술을 만드는 일이 누구나 할 수 있는 평범한 것만도 아니므로 조금은 특별한 몇 가지 표현을 쓰기도 한다. 우선 술을 만드는 것을 조금 특별히 술을 '빚는다'고 한다. '빚다'는 말 속에는 대충대충 만든다는 것보다는 훨씬 많은 정성을 기울여 노력한다는 뜻이 담겨 있다. 또한 술을 만들 때에는 '빚다'라는 말 이외에도 '담그다'라는 말도 쓴다. 음식을 익거나 삭게 하려고 재료를 버무려 그릇에 넣는 일을 '담그다'라고 말하는데, 술도 대부분 항아리에 담기 때문에 같은 표현을 쓰는 것이리라. 이처럼 우리에게 술은 정성을 기울여 만드는 좋은 음식인 셈이다.

좋은 술 만들기를 원한다면 정성을 기울여 술을 빚어야 하지만, 술로 발효시켜주는 미생물인 효모와도 잘 이야기를 해야 한다. 그것은 효모가 어떤 조건을 원하는지 잘 살펴보고 그러한 조건을 만들어주어야 한다. 술을 만들 때에 효모 이외의 다른 미생물이 들어가 활개를 치면 제 맛이 나는 술을 얻을 수 없다. 그것을 막으려면 효모가 살 수 있는 조건을 맞추어주어야만 한다. 예를 들자면 포도주 항아리를 선선한 곳에 놓아두는 것도 포도주 발효가 잘 되는 30℃ 이하로 환경을 맞추어주기 위해서이다. 온도가 올라가면 초산균이 번식하면서 효모가 만들어놓은 에틸알코올을 초산(식초의 원료)으로 바꾸어버려 신맛이 나는 포도주가 만들어지기 때문이다.

포도주를 담글 때에는 가끔 약간의 설탕을 넣어주는 경우가 있다. 효모가 포도에 들어 있는 당분을 발효시키는 것은 당연하지만, 포도주를 담그자마자 바로 발효가 일어나 술이 익는 것은 아니다. 제 자리를 잡지 못한 효모가 제 힘만으로 정상적인 발효 과정에 들어가기 위해서는 준비운동 혹은 워밍업이라 부를 수 있는 동작이 필요하다. 효모가 '제 자리를 잡아가는 노력'에 도움을 주기 위해서 효모가 바로 이용할 수 있는 약간의 설탕을 넣어주는 것이다. 이것을 우리는 시동배양(始動培養,

start culture)이라고 부른다. 경우에 따라서는 아예 처음부터 포도에 붙어있는 효모를 포함하여 모든 미생물을 없애버리고, 따로 배양한 알코올 발효균인 효모를 첨가하여 알코올 발효를 시작하도록 하는 방법도 있다. 이때에도 물론 약간의 설탕을 첨가해 효모 발효 과정을 촉진시키도록 해주는 것은 같은 이유에서이다. 마치 작은 모터를 먼저 돌려 큰 힘을 내는 큰 모터가 돌아가도록 하는 것과도 같은 그림이다.

우리나라에서 오래 전부터 빚어 마셨던 술은 막걸리이다. 막걸리는 빛깔이 희부옇고 탁하기에 탁주(濁酒)라고도 부르며 또한 사람들이 농사지으며 많이 마셨기에 농주(農酒)라고도 부른다. 물론 밥을 지어 빚었기에 술에 쌀이 떠 있다 하여 동동주라고도 부른다. 이러한 막걸리는 포도주와 발효 과정이 사뭇 다르다. 쌀을 원료로 만드는 막걸리는 쌀에 들어 있는 탄수화물을 그대로 이용하지 못하므로, 먼저 탄수화물을 당분으로 바꾸는 이른바 당화 과정이 필요하다. 탄수화물은 당 분자가 사슬처럼 이어져 있으므로 효모가 바로 이용할 수 없기 때문에 개개의 당 분지로 잘게 부수는 당화 과정이 먼저 이루어져야 한다.

막걸리를 담그기 위해서는 찹쌀이나 멥쌀 따위를 물에 불려서 시루에 찐 밥을 누룩과 함께 버무려 넣는다. 이러한 재료를 '술밑'이라고 부르며 여기에 들어가는 밥을 '지에밥'이라고 하는데, 이를 그냥 '지에'라고 줄여 부르기도 한다. 막걸리를 담그고자 지에밥과 누룩을 버무려 담그는 일을 우리는 '술을 빚는다'고 한다. 이렇게 술을 빚어놓으면 항아리에서 발효작용이 일어나 술이 익으면서 거품이 부걱부걱 솟아오르는데, 우리는 이 모양을 '술이 괸다'고 한다. 막걸리를 담그기 위해 지에밥과 누룩을 넣는 것은 탄수화물을 당으로 바꾸는 당화 작용과 효모에 의한 발효 과정이 한꺼번에 일어나도록 한다는 특징을 보여준다. 한편 보리를 원료로 만드는 맥주도 발효시키기 전에 효모가 이용할 수 있도록 탄수화물의 당화 과정을 거쳐야 하는 점은 마찬가지이다.

포도주를 담그거나 막걸리를 빚거나 또는 맥주를 발효시키는 데에는 모두가 한결같이 효모에 의한 알코올 발효 과정이 기본이 된다. 효모는 한 분자의 포도당을 두 분자의 에틸알코올과 두 분자의 이산화탄소로 분해하면서 두 분자의 ATP (adenosine triphosphate ; 아데노신 3인산으로 생물체가 에너지원으로 이용한다)를 에너지로 얻어 살아간다. 사람들은 이러한 발효 과정에서 효모가 만들어내는 알코올을 음료로 이용하는 것이다. 그뿐만 아니라 알코올과 생성되는 이산화탄소가 밀가루반죽을 부풀리는 힘을 이용하여 빵도 만들 수 있다. 아주 오래 전부터 사람들은 효모의 이러한 성질을 이용하여 술도 담그고 빵도 만들어 생활에 활용하였다. 지금도 빵을 만들 때 부풀리는 재료로 이스트를 쓰는데, 이것은 효모의 또 다른 말이다. 이렇게 효모는 포도주와 맥주, 그리고 막걸리는 물론이고 빵을 만들 때에도 이용하는 훌륭한 발효미생물이다.

$$C_6H_{12}O_6 + 6O_2 \rightarrow 6CO_2 + 6H_2O \sim 38ATP$$

생명체가 살아가기 위해서는 어떻게 해서든지 필요한 에너지를 얻어야 한다. 필요한 에너지를 스스로 만드는 생물은 물과 이산화탄소를 받아들여 햇빛을 받아 포도당을 만드는 식물뿐이다. 식물은 광합성을 통해 필요한 에너지를 스스로 만들어내기에 자가영양체 또는 독립영양체라고 한다. 식물 이외의 동물과 미생물은 스스로 필요한 에너지를 만들지 못하므로 식물이 만들어놓은 영양분을 이용해 살아가야 한다. 그래서 이들은 타가영양체 또는 종속영양체라고 부른다. 물론 생물이 필요로 하는 에너지는 아데노신삼인산(ATP)이라는 형태를 이용하기 마련이다.

포도당 분자를 만들어내는 식물의 광합성과 포도당 분자로부터 필요한 에너지를 만들어내는 과정을 수식으로 살펴보면 다음과 같다.

광합성작용 : $6CO_2+6H_2O$ (~햇빛에너지) $\rightarrow C_6H_{12}O_6+6O_2$

에너지 생성(호흡) : $C_6H_{12}O_6+6O_2 \rightarrow 6CO_2+6H_2O \sim 38ATP$

알코올 발효(무산소호흡) : $C_6H_{12}O_6 \rightarrow 2C_2H_5OH+2CO_2 \sim 2ATP$

위의 식에서 보는 것처럼 광합성작용으로 포도당 분자를 만들면서 자연스레 산소가 나온다. 이 산소는 다른 생물이 호흡하며 살아가는데 중요한 요소가 된다. 예를 들자면 포도당 한 분자가 산소를 이용해 탄소 하나인 이산화탄소로까지 분해되면 많은 ATP 상태의 에너지를 얻을 수 있다. 그런데 알코올 발효미생물인 효모는 한 분자의 포도당을 산소가 없는 상태에서 분해하고 게다가 탄소 하나인 분자로까지 분해시키지 않고 두 개짜리인 에틸알코올로 분해하기 때문에 많은 ATP 에너지를 얻지 못하는 셈이다. 다시 말해서 분해 과정을 충분히 마무리하지 못하고 중간에 멈춰버리는 모양이기에 당연히 많은 에너지를 얻지 못한다고 할 수 있다. 그래도 우리는 이들 발효미생물이 만들어내는 중간 분해물질을 유용하게 이용할 수 있기에 이들 발효미생물이 더욱 고맙기만 하다.

텃밭과 버섯농장

예전부터 사위는 '백년손님'이라고 한다. 부모의 입장에서 보면, 어려서부터 애지중지 보살피며 키운 딸자식을 데려가 함께 사는 사위는 물론 자식처럼 사랑스럽게 봐주어야 할 것이다. 그렇지만 다른 한편으로는 사위는 함부로 대할 수 없는 존재이니 식구이면서도 손님처럼 대접해야 한다는 이중적인 뜻이 담겨 있다. 우리나라의 전통적인 생각으로는 손님에 대해서는 식구보다도 더 잘 대접해야 한다고 여긴다. 물론 나에게는 가장 가까운 사이가 식구인 것은 당연하지만, 집에 찾아온 손님에 대해서는 불편함이 없이 잘 대접해야 한다는 전통적인 생활 방식에서 우러나오는 생각과 행동에 따르는 것이다.

갑자기 예고도 없이 집에 찾아온 손님을 맞이하게 된다면 누구나 당황스럽기만 하다. 집안에서는 편한 옷차림으로 지내고 있는데, 우선 입고 있는 옷매무새부터 가다듬고 손님을 맞이해야 하기 때문이다. 손님을 모신 다음에는 으레 무엇인가 손님에게 대접해야 하는데, 마땅한 먹을거리가 없을 때에는 더욱 당황스럽기 때문이다. 잠깐 동안 집안에 머물렀다 곧 떠나는 손님이라면 큰 걱정을 하지 않아도 되겠지만, 끼니때가 되어 손님과 함께 식사를 해야 할 형편이라면 음식을 장만해야 하는 주부로서는 여간 고통스러운 일이 아니다. 요즈음 같으면 전화로 음식을 주문하거나 아예 밖에 나가 사먹을 수도 있지만, 옛날에는 모든 것을 집안에서 해결할 수밖에 없었기 때문이다.

사위는 '백년손님' 아니 더 나아가 '만년손님'이라고 하는 말도 사위를 손님처럼 대접해야 하는 어려움에서 나온 말이다. 여기에 덧붙여 사위를 대접하려면 '씨암탉도 잡는다'는 말도 있다. 이 말은 사위를 대접해야하는 사위에 대한 장모의 사랑이라기보다는 오히려 음식을 장만할 재료가 마땅찮으므로 달걀을 품어 병아리를 까는 씨암탉까지도 어쩔 수 없이 잡아야 하는 상황을 빗대어 하는 말이다. 요즈음에는 음식을 장만하는 데 필요한 거의 모든 재료는 냉장고에 넣어 보관한다. 그러기에 음식 마련에 필요한 재료는 웬만하면 냉장고에서 꺼내 쓸 수 있다. 물론 사용한 만큼의 음식 재료는 항상 쓰고 난 다음에 냉장고에 보충해야 한다는 사실은 잊지 말아야 한다. 요즈음에는 생활에 필요한 음식 재료가 풍부하고 또한 보관하는 방법도 그만큼 잘 개선되었기에 가능한 일이다.

한편 냉장고가 없던 예전에는 어디에서 어떻게 음식 만드는 재료를 가져왔을까 생각해보는 것도 의미 있는 일이다. 예를 들어 가장 간단한 상차림을 생각해보자. 밥은 쌀로 지은 것이니 가마솥에서 밥을 지었을 것이다. 밥과 함께 빼놓을 수 없는 것이 김치이다. 김치 한 가지 반찬만 있어도 우리나라 사람들은 밥을 먹을 수 있다. 이런 김치 이외에도 장아찌나 젓갈 그리고 장은 언제든지 밥상에 오를 수 있는 반찬들이다. 다행히 이들 반찬은 발효식품들로 우리 집안에서 오랫동안 준비해두었던 슬로푸드(slow food)들이다. 그러기에 모든 집에서는 언제 올지 모르는 손님을 대비하기 위해서는 물론이고 식구들을 위한 반찬 준비로 항상 발효식품을 마련해두고 있다. 이러한 준비성이야말로 바로 우리가 오래 전부터 경험적으로 발전시킨 생활의 지혜라 할 수 있다.

여기에서 우리는 다시 밥상에 오르는 반찬으로 국이나 찌개에 대해서 한번 생각해보자. 적당한 재료를 그릇에 넣고 끓인다고 하더라도, 재료를 많이 넣고 물을 적게 넣어 끓이면 찌개가 되고 그 반대이면 국이 된다고 할 수 있다. 이때 주재료가 김치면 김치찌개와 김칫국이 되고 된장이 주가 되면 된장찌개나 된장국이 된다. 특별히 고기나 두부가 들어가면 고기찌개나 고깃국 또는 두부찌개나 두붓국이 된다. 이처럼 음식에 들어간 재료에 따라 종류가 달라지는 것은 당연한 것이지만, 음식에 들어가는 재료를 어디에서 구하는가 하는 문제는 또 다른 일이다.

냉장고가 없던 예전에는 기본적인 음식 재료로 간장과 된장을 담가 두었다가 필요한 때에 기본 재료로 썼고, 다른 재료는 햇볕에 잘 말리거나 소금에 절여두었다가 필요한 만큼 이용하는 것이 대부분이었다. 이처럼 오랫동안 보관해온 대표적인 음식 재료는 시래기와 말린 생선들이다. 그래도 부족한 것이 있다면 그것은 신선한 채소와 같은 음식 재료이다. 그래서 사람들이 오래 전부터 생각한 것이 바로 텃밭이나 화분이다. 집 안팎 적당한 장소에 텃밭을 마련하거나 화분에 심어두면 수시로 신선한 채소를 뽑아와 음식 재료로 이용할 수 있다. 그러기에 텃밭은 오늘날의 냉장고라고 생각해도 그리 틀리지 않은 말이다.

요즈음에는 국민의 절반 이상이 아파트에 살기 때문에 텃밭을 찾아보기가 매우 어렵다. 다행히 마당이라도 있는 집(아이들은 쉬운 말로 '마당집'이라 부른다)에 사는 사람들은 텃밭을 마련할 수 있어 다행이다. 그렇지만 요즈음에는 텃밭보다는 꽃밭을 만들거나 그나마 만들었던 꽃밭마저 시멘트로 포장하여 차고로 바꾸는 집이 많다. 봄부터 가을까지 겨울만 빼고 텃밭에다 상추, 쑥갓, 고추, 들깨, 오이, 호박, 파, 마늘, 딸기, 토마토 따위의 채소를 가꾸면서 끼니때마다 싱싱한 푸성귀를 따먹던 생활의 맛을 더 이상 찾아보기 어렵게 되었다. 이제는 이런저런 생활의 맛이 점점 사라지고 대신에 모든 음식 재료를 대규모 상설매장에서 제철도 없이 언제든지 사다 먹을 수 있게 바뀌었다.

텃밭의 역사는 어제오늘에 시작한 것이 아니라 아주 오래전의 일이다. 인류의 조상들이 처음으로 집단을 이루어 살면서 집 근처에 있는 빈터를 일구어 밭을 만든 것에서부터 그 기원을 찾을 수 있다. 수렵과 채취 생활을 하던 사람들이 한 곳에 자리를 잡고 빈터에서부터 너른 들판에 밭을 일구고 곡식을 재배한 것을 농사의 시작으로 본다. 그러한 때에 몇몇 부지런한 사람들이 집 근처 빈터에 텃밭을 일구어 먹을거리를 보충했다. 이 사람들이 일구어 놓은 텃밭의 생산물은 옆집에서조차도 손대지 않았기에 텃밭을 사유 재산의 시작으로 보는 견해도 있다. 이처럼 인류의 역사와 함께 시작된 텃밭은 이제 생활의 변화에 따라 점점 사라져가고 있다. 그렇더라도 나이 지굿한 아주머니나 할머니들이 아파트에 살면서도 햇빛이 잘 안 드는 목욕탕이나 뒤편 베란다에서 콩나물을 길러먹는 것은 아마도 텃밭에 대한 그리움이 그나마 남아 있는 것이라고 생각한다.

오래 전부터 개미와 벌이 집단을 이루어 사는 모습이 사람들이 모여 사는 것과 비슷하다고 하여 동물행동학자들의 관찰과 연구의 대상이 되고 있다. 그 가운데 잎꾼개미(가위개미라고도 부른다)의 사회는 다른 개미 사회와 마찬가지로 매우 조직화되어 있다. 일개미들 안에서도 서너 종류의 계급으로 나뉘어 생활하는 것을 보면 오히려 다른 개미 사회보다도 더욱 조직화되었다고도 할 수 있다. 이들 개미가 사는 집안에는 잘 가꾼 버섯농장이 있는데, 이것은 마치 사람들이 마당 한편이나 담장 밖의 빈터에 텃밭을 마련하고 여러 종류의 푸성귀를 기르면서 조금씩 따먹는 것과 너무나도 닮아 있다.

개미집 바깥으로 나가 나뭇잎을 적당한 크기로 잘라 집으로 운반하는 일은 일개미의 몫이다. 한쪽 뒷다리로 나뭇잎의 가장자리를 잡고 그 곳을 축으로 하여 톱날처럼 생긴 날카로운 이빨로 동그랗게 잘라 부채꼴 모양으로 떼어낸 다음에 집으로 운반한다. 잎꾼개미들이 나뭇잎을 조각으로 잘라 굴속으로 운반해오면 그들보다도 크기가 조금 작은 일개미들이 나뭇잎을 이어받아 톱날 같은 이빨로 잘게 썰어놓는다. 그리고 다음에는 더 작은 일개미들이 잘게 썰린 조각을 잘근잘근 씹어서 반죽처럼 만들어 놓는다. 여기에 효소가 듬뿍 들어 있는 배설물을 잘 섞어서 작업하기에 알맞은 반죽을 만들어낸다. 이렇게 만든 반죽은 '잎죽'이라 할 수 있는데, 이는 마치 실험실에서 미생물을 키우기 위해 만들어낸 영양배지와도 같다.

나뭇잎에 들어있는 영양분과 개미가 분비한 여러 가지 효소가 알맞게 뒤섞인 잎죽을 다른 방에 미리 깔아둔 마른 잎들 위에 골고루 뿌리고 나면 버섯을 키울 수 있는 텃밭이 마련된 셈이다. 이제는 조금 더 작은 크기의 일개미들이 이미 버섯을 키우고 있던 옆방에서 버섯을 조금씩 떼어다가 새로 마련한 텃밭에 심어준다. 새로운 텃밭에 옮겨진 버섯은 물오른 버들가지처럼 하루가 다르게 쑥쑥 자란다. (잎꾼개미에 대해서는 최재천 교수가 쓴 『개미제국의 발견』에 더욱 자세히 설명되어 있다.)

잎꾼개미들이 개미집 안에서 가꾸는 버섯농장은 사람들이 텃밭에서 가꾸는 채소보다도 더욱 효과적인 재배법을 이용한다. 버섯은 우선 햇빛이 적은 응달을 좋아하고, 알맞은 온도와 습도를 갖추고 적당한 양분이 있는 곳에서 잘 자란다. 땅속에 집을 마련한 개미집이야말로 버섯이 잘 자랄 수 있는 모든 조건을 갖추고 있다. 우선 햇빛이 직접 비치지 않고 항상 일정한 온도와 습도를 유지하는 것은 물론이고, 영양분이 듬뿍 섞인 잎죽을 일개미들이 만들어주므로 버섯이 자라기에 알맞은 조건을 고루 갖춘 버섯농장인 셈이다.

몸집이 비교적 큰 일개미들은 바깥에서 나뭇잎을 잘라 나르고, 몸집이 작은 일개미들이 집안에 마련된 버섯농장의 주변을 항상 깨끗이 청소하고, 김매는 일과 수확하는 일을 비롯한 모든 농사일을 맡고 있다. 이렇게 버섯을 재배하는 일개미들의 작업 과정을 보면 마치 사람들이 운영하는 현대식 공장에서 일꾼들이 일을 나누어하는 작업 현장과 크게 다르지 않다. 그리고 놀라운 사실은 이러한 작업에서 서로 다른 일개미들이 맡은 바 임무가 제각기 다른 것으로 보아 철저히 분업화되었다는 점이다. 그러나 그보다 더욱 놀라운 사실은 그것만이 아니다. 개미가 운영하는 버섯농장 안에는 그들만이 할 수 있는 아주 특별한 재배기술이 있기 때문이다.

양송이나 느타리버섯, 팽이버섯 등을 재배하는 농민들이 가장 어렵게 생각하는 것은 버섯 재배사 안에서 잡균이 자라는 오염을 막는 일이다. 버섯은 미생물의 일종이므로 한번 다른 미생물인 잡균이 자라나면 버섯 전부를 없애고 새로 재배를 시작해야 하는 어려움이 있다. 그래서 버섯을 재배하는 곳은 외부인의 출입을 엄격히 통제하면서 처음부터 끝까지 철저히 위생적으로 처리하고 있다. 개미들의 버섯농장에서의 작업도 이처럼 개미 집단에 따라 달리하는 외부 작업과 내부 작업을 구분함으로써 바깥으로부터 묻어 들어올 수 있는 잡균의 오염을 미리 막는 재배 방법을 터득했으리라고 생각한다. 또 한 차례 잎죽을 만들면서 여러 가지 효소와 함께 잡균의 생장을 막는 특이한 물질을 분비하여 오염을 예방하는 방법을 쓰고 있다고 생각한다. 이처럼 버섯농장을 가꾸는 개미들의 세계에서 서너 종류의 일개미들이 제각기 일을 나누어 처리함으로써 버 섯 재배에서 가장 조심해야 할 오염 문제를 슬기롭게 해결하 는 모습은 더욱 놀랍기만 하다.

미국 남부에서부터 중남미 대륙까지에 걸쳐 분포하는 잎꾼 개미들 모두가 같은 종류의 버섯을 재배한다는 사실이 미국 코넬 대학교의 연구진에 의해 최근에 알려졌다. 또한 잎꾼개 미와 버섯과의 관계는 이미 2,500만 년 전부터 이어온 것이라 는 사실도 DNA 분석법을 통하여 알려졌다. 물론 처음에는 잎 꾼개미들도 집 주위에서 자라는 여러 종류의 버섯을 길러보았 을 것이다. 그러다가 우연히 가장 잘 자라는 버섯을 찾게 되었 고, 그 후로는 지금까지 한 종류만을 재배한 것이라고 생각한 다. 사람들이 농사를 짓기 시작한 것은 대략 1만 년 전의 신석 기시대부터라고 하는데, 농사와 개미들의 버섯 재배 역사를 비교해본다면 인류보다도 먼저 개미들이 농사를 시작했다는 말이다. 사람들만이 농사를 짓는 것이라고 생각해 왔는데 사 람들보다도 먼저 그것도 아주 오래 전부터 보잘 것 없어 보이 는 개미들이 농사를 짓는다는 사실을 어떻게 받아들여야 할지 그저 어안이 벙벙할 따름이다.

사회를 구성하고 살아가는 세계에서는 질병이 있기 마련이 다. 병원균이 한 숙주에서부터 다른 숙주로 옮아가기 어려울 정도로 숙주의 밀도가 낮은 상태라면 전염병이 더 이상 옮겨

가기가 어렵다. 질병을 일으키는 분명한 원인은 여러 종류의 미생물들과 이들이 살 수 있는 숙주이다. 병을 일으키는 미생물을 우리는 병원균이라 부르는데, 병원균은 물론이거니와 다른 모든 미생물들이 살아가기 위해서는 알맞은 기후와 환경조건이 마련되어야 한다. 특별히 습도가 높은 곳에서는 미생물들이 잘 증식한다. 따라서 습도가 높은 여름 장마철이나 열대 지방의 우기를 갖는 기후에서는 특별히 미생물의 증식이 활발하여 질병의 위험도 그만큼 높다. 그러기에 이러한 환경에서 사는 생물들은 오랜 경험을 통해 어려움을 극복하는 방법을 스스로 마련하고 있다.

지금까지 알려진 연구 결과를 보면 습도가 높은 지역에 사는 개미들은 옆가슴샘에서 세균과 곰팡이를 죽일 수 있는 특이한 화학물질을 분비한다고 한다. 그런데 더욱 놀라운 일은 잎꾼개미가 분비하는 특이한 화학물질이 개미집 안에서 기르는 버섯에 대해서는 전혀 영향을 미치지 않고 외부로부터 들어와 버섯을 해치는 곰팡이나 세균에만 효과를 발휘한다는 것이다. 겉으로 보아 사람들은 전혀 생각조차 할 수 없는 것인데도, 개미들이 이처럼 오래 전부터 필요에 따라 버섯 재배에 아주 적절한 방법을 개발하여 이용하면서 지금까지 효과적으로 많은 어려움을 극복해왔다는 것이 더욱 우리를 놀라게 한다.

한편 집단을 이루며 살고 있는 개미들의 사회에서는 우리가 전혀 생각지도 못한 일들이 이루어지고 있다. 아주 특별한 경우이지만, 개미들이 집안의 습도를 조절하기 위해 벽지를 바르기도 한다는 것이다. 중앙아메리카의 열대우림에 살고 있는 어떤 개미의 일종은 어른(성충)이 되어 빠져나오고 남은 번데기 껍질로 집안을 도배한다고 한다. 속이 빈 껍질로 벽면을 발라 두면 바르지 않은 곳에 비해 습도의 차이가 매우 크기 때문에 쾌적한 생활을 할 수가 있다는 것이다. 이렇게 집단생활을 하는 개미들이 환경의 특성을 이해하고 그 안에서 가장 알맞은 조건을 찾아 생활하는 모습은 알면 알수록 그저 놀랍다고 말할 수밖에 없다.

텃밭을 일구는 사람들은 마치 한해 농사를 짓는 것과 똑같이 텃밭을 준비하고 많은 정성을 기울인다. 따뜻한 봄부터 추운 겨울에 이르기까지 철마다 다른 푸성귀를 그치지 않고 먹을 수 있게 길러야 하므로, 텃밭에 심는 채소 종류와 양에 신경을 써야만 한다. 더욱이 좁은 땅에서 효과적으로 운영해야 하므로 제철을 놓치기 않도록 텃밭의 재배 관리를 게을리 해서는 안 된다. 텃밭의 채소 가운데 잎을 먹는 푸성귀는 대체로 꽃이 피고 열매를 맺으면 잎이 부실해지는 편이고, 반대로 열매를 먹는 채소 종류는 잎이 무성하면 열매를 적게 맺는 경향이 있다. 이러한 사실은 굳이 텃밭의 채소에만 국한되지 않는 일반적인 식물의 생리이다. 이처럼 식물을 재배하는 농부들은 누가 이야기해 주지 않아도 농사철에 맞추어 씨를 뿌리고 수확하는 방법을 알고 있다. 그러기에 농부야말로 자연과 환경을 잘 이해하는 진정한 과학자라고 할 수 있다.

여러 종류의 채소 가운데에서 이파리를 따먹는 엽채류(葉菜類)는 물론이고 열매를 따먹는 과채류(果菜類)까지도 모두가 밭에서 농사지을 수 있을 뿐만 아니라 텃밭에서도 얼마든지 기를 수 있는 채소들이다. 얼마 전까지만 하더라도 나이든 어르신들은 대부분 마당이 있는 집에서 살면서 텃밭을 가꾸었던 경험이 있다. 그러기에 요즈음에는 도시의 아파트에 사는 사람들이 시나 공공단체에서 제공하는 빈터에 텃밭을 만들어 필요한 채소를 길러먹는 재미를 느끼고 있다. 이러한 사실은 텃밭으로부터 얻는 경제적인 이익이 우선이 아니더라도 아마도 그 이전에 시골 마당집에서 살았던 추억을 생각하거나 당시의 고향집을 떠올리는 향수(鄕愁)를 그리워하기 때문일 것이다.

우리가 먹는 버섯은 미생물의 일종인 곰팡이가 자손을 퍼뜨리기 위해 만들어낸 포자를 담는 그릇에 해당하는 자실체(子實體)이다. 그러기에 버섯은 항상 버섯의 모양으로 있으면서 자라는 것이 아니라 곰팡이의 일생에서 한 번만 나타나는 것이다. 따라서 버섯 재배 농민들은 버섯을 수확하고 난 다음에 자연에서 다시 버섯이 자라날 때까지 기다린다. 그렇게 기다리는 시간이 지루하다고 생각하면 농민들은 종균(種菌)이라는 버섯의 씨를 뿌려 자라난 버섯을 수확하는 방법을 이용한다. 농민들이 하는 이러한 방법이 바로 버섯 재배 방법이다. 그런데

개미가 재배하는 버섯은 놀랍게도 자실체를 만들지 않는 균사체 덩어리이다. 버섯의 입장에서 본다면 개미들이 항상 일정한 수준으로 자랄 수 있도록 보살펴주기 때문에 굳이 버섯 씨앗인 포자를 만들어 번식해야 할 필요성을 느끼지 못하는 것이다. 그래서 이들 버섯은 스스로 자실체를 만드는 능력을 퇴화시켜 버렸다. 개미집 안에 자리한 버섯농장에서 나타난 버섯의 번식능력 퇴화라는 변화는 생물들이 살아가면서 서로 이익을 주고받는 가운데 생겨난 한 가지 공생의 예라고 할 수 있다.

자연과 환경 속에서 살아가는 모든 생물은 크게 본다면 모두가 공생하며 살고 있다고 해도 틀린 말이 아니다. 모든 생물은 여러 가지 형태의 공생 관계를 이루고 있지만, 그 가운데에서도 공생자와 숙주가 가장 긴밀한 관계를 이루는 내부공생은 하나의 경이로운 모습이라 할 수 있다. 내부공생이란 공생하는 미생물이 숙주의 조직이나 세포 안에 들어가 살아가는 경우를 말한다. 내부공생에서 두 생물체가 서로 힘을 합치는 모습도 보이며, 어떤 내부공생의 결합은 영구적인 경우도 있다. 내부공생처럼 공생관계가 밀접할수록 오랜 시간 동안 함께 살아온 증거라고 설명할 수 있다.

버섯과 개미들의 사이가 분명한 공생관계이듯이 텃밭에서 푸성귀를 길러먹는 사람들과 텃밭에서 자라는 채소의 관계도 역시 하나의 공생관계로 해석할 수 있다. 더 나아가 우리가 살고 있는 지구를 하나의 생명체로 보는 시각에서는 자연환경이라는 것도 생물과 무생물 사이에서 나타나는 커다란 공생관계로 생각할 수 있다. 텃밭이나 버섯농장을 단순한 식품 생산 공장이라고 보지 않고 살아 있는 유기체의 한 부분이라고 생각한다면 아마도 내부공생에 버금가는 아주 밀접한 공생관계로 볼 수도 있다. 이렇게 우리가 살고 있는 세상은 어느 하나 독립적이지 않고 모두가 한데 어울려 함께 사는 공생관계를 이루고 있다고 말할 수 있다. 그것은 어쩌면 우리가 사는 이 자연의 모든 것이 생명을 담고 있기 때문일 것이다.

4. 마음을 담은 그릇 이야기

음식을 담는 그릇

생명을 가진 모든 존재는 자신의 생명을 유지하기 위해서 어떻게 해서든지 필요한 에너지를 확보하여야만 한다. 우리가 살고 있는 이 땅의 모든 존재는 에너지의 흐름에 따라 움직인다고 해도 그리 틀린 표현은 아니다. 우주의 생성에서부터 생물의 탄생에 이르기까지 어떤 모습으로든지 에너지가 관여하고, 그 에너지의 영향에 따라 힘이 작용하고 더 나아가 생명까지도 에너지의 흐름에 힘입어 일정한 방향으로 움직여나가기 때문이다. 지금 우리가 살고 있는 이 땅에서도 우리가 느끼지 못하는 동안에도 끊임없이 에너지가 움직이고 있고, 이러한 에너지의 흐름에 힘입어 이 땅의 모든 생명체들이 생명 활동을 계속하는 것이다.

사람이 살고 있는 이 땅에서 일어나는 모든 삶의 문제가 어느 한 종류의 생명에 한정된 것이 아니다. 다시 말해서 생명 문제는 우리와 함께 살고 있는 사람들만의 문제가 아니라 우리 주위에서 우리와 함께 숨 쉬고 살아가는 모든 동식물과 한데 어울려 일어나는 상호작용으로부터 비롯되기 때문이다. 이 세상의 모든 생명체 즉 살아 있는 우리를 포함하여 우리 주변에서 우리와 함께 살고 있는 동물과 식물은 물론이고 눈에 보이지 않는 미생물까지도 생명 현상을 계속하기 위해 크고 작은 영향을 서로서로 주고받고 있다. 사람을 포함해서 어느 한 종의 생명체도 혼자서는 결코 살아갈 수가 없다. 그것은 바로 어떤 생명체이든지 필요한 에너지 문제를 스스로 해결할 수가 없기 때문이다.

생명을 가진 모든 존재는 자신의 생명 현상을 유지하기 위해서는 나름대로의 특별한 방법에 따라 영양분을 확보해야 한다. 생물의 이러한 영양분 확보는 필요한 에너지를 얻기 위한 방법이자, 동시에 생명 활동의 기본이다. 왜냐하면 생물체가 확보한 에너지를 자신의 생명 활동을 위해 이용해야 하기 때문이다. 따라서 모든 생명체들은 태어날 때부터 본능적으로 에너지를 확보할 수 있는 방법을 터득해야 한다. 만약에 필요한 에너지 확보 방법이 스스로 해결하기 어려운 것이라면 할 수 있을 때까지 부모로부터 배워야 혼자서도 살아남을 수 있다. 이것이야말로 한 생명체가 자연에서 살아남을 수 있는 생존의 법칙이다.

사람이라는 존재도 분명히 생물의 한 종류라는 점은 누구나 인정하는 사실이기에 생명체로서의 특징인 에너지를 확보하는 생명 활동이 필요하다. 그러나 사람이 다른 생물과 한 가지 다른 점이 있다면 혼자서 사는 것이 아니라 여러 사람이 한데 어울려 서로 돕고 살아간다는 점이다. 이른바 집단생활 또는 공동생활을 한다는 점이다. 그것은 어쩌면 혼자서 발휘하는 힘보다도 여러 사람이 한데 어울려 펼쳐내는 힘이 더 큰 위력을 발휘할 수 있다는 것을 알았기 때문이라고 할 수 있다. 그렇다고 해서 사람은 모든 것을 여럿이 집단으로 하는 것만도 아니다. 얼마든지 생명 유지를 위한 것이라면 개인적인 활동이 어쩔 수 없이 우선이 되어야 하는 것은 다른 생물들과도 마찬가지이다. 이렇듯 사람들은 집단생활을 하면서도 동시에 개인적인 생활을 하는 특별한 존재이기도 하다.

사람은 잠시라도 숨을 쉬지 않고는 살 수 없듯이 사람이라면 먹지 않고서는 역시 살아갈 수가 없다. 더욱이 한창 몸집을 키우며 자라야 하는 갓난아이나 어린이 그리고 청소년의 경우에는 영양분 섭취 문제가 매우 중요한 일이다. 몸집이 다 커버린 어른의 경우에도 생명 유지를 위해서도 필요한 만큼의 영양분 섭취는 매일매일 계속되어야 한다. 왜냐하면 한번 섭취한 영양분이 몸 안에 축적되어 영원히 남는 것이 아니라, 몸

안으로 들어온 영양분은 소화 흡수되어 에너지로 바뀌어 생명 활동에 이용되며 그리고 남은 찌꺼기는 몸 밖으로 빠져나가기 때문이다. 그래서 사람은 생명 활동에 필요한 에너지를 확보하기 위해서 매일매일 새로운 에너지원인 영양분을 몸 안으로 받아들여야 하는 것이다.

몸집이 다 큰 어른의 경우에 필요에 따라 섭식을 줄이는 단식(斷食)이나 금식(禁食) 또는 다이어트(diet) 과정을 거치기도 한다. 그렇다 하더라도 중요한 점은 몸에 해롭지 않을 정도로만 해야만 한다. 다시 말해서 사람이 물을 마시지 않고 살 수 있는 기간은 일주일 정도이고, 먹지 않고 버틸 수 있는 기간은 최대한 한 달 정도로 알려져 있다. 따라서 새로운 활력을 얻기 위해 사람들이 섭식을 조절한다 하더라도 사람의 생리적인 특징을 알고 가능한 범위 안에서만 실시해야 한다는 말이다. 어쨌거나 사람도 생명체이기에 먹지 않고서는 하루라도 버티기 힘들다. 그만큼 사람의 몸은 음식에 적응되었고, 또한 음식은 사람의 몸에 그만큼 필요한 것이다.

사람에게 이토록 중요한 음식(飮食)은 그야말로 마시고(飮) 먹을(食) 수 있는 모든 재료를 말한다. 그래서 사람은 언제나 먹을 것을 마련해야 하고, 먹을 것이 곁에 있어야 비로소 안심하고 더 나아가 먹을 것이 확보되어야 비로소 사람답게 살 수 있는 여유를 갖기 마련이다. 그러기에 사람들이 이 땅에서 살기 시작한 순간부터 그리고 사라지는 그 순간까지 영원히 붙들고 가야할 숙명적인 과제가 바로 먹을거리의 확보이다. 지금이야 우리 주위에 먹을거리가 비교적 넉넉한 편이니 그 과제가 그리 중요한 것이라는 생각이 절실하지 않지만, 그야말로 먹을거리가 없는 절박한 상황에서는 물불을 가리지 않는 마음으로 먹을거리를 얻으려 애쓸 수밖에 없다. 먹을거리의 확보가 바로 생명의 연장으로 통하기 때문이다.

먹을거리가 그리 넉넉하지 않았을 옛날 사람들의 생활은 어떠하였을까? 언제 어디서나 사람이 생명을 유지하기 위해서는 먹을거리의 안정적인 확보가 무엇보다도 중요하였다. 그러기에 사람들의 생활 중심은 당연히 먹을거리 확보에 맞춰졌고 자연스레 그 쪽으로 모든 힘과 정성을 기울였을 것이다. 그러다가 사람들이 한데 모여 마을을 이루고 농사를 짓기 시작하면서 비교적 안정적인 생활을 할 수 있었다. 그렇지만 그 이전에는 몇몇 사람들이 무리를 이루어 이동하면서 사냥도 하였을 것이고, 이곳저곳 돌아다니며 숲과 들에 널려있는 먹을거리를 채집하여 먹고 살았을 것이다.

수렵과 채집으로 먹을거리를 장만하던 옛날에는 사람들이 큰 짐승이라도 한 마리 잡으면 그날은 모두가 함께 포식할 수 있는 기회를 얻었겠지만, 먹을 것을 확보하지 못한 날에는 모두가 배고픔을 참으며 다음 사냥을 기다려야만 했을 것이다. 그러기에 사람들은 성공이 보장되지 않은 사냥보다도 얼마든지 노력하면 얻을 수 있는 채집에 더 많이 의존할 수밖에 없었을 것이다. 그래도 사람들은 배불리 먹을 수 있다는 기대감과 동물성 음식 즉 고기 맛을 잊지 못해 사냥을 포기할 수가 없었다. 그러다가 나중에는 들과 숲에서 동물 새끼를 산 채로 잡아다 집 근처에서 기르는 사육법을 알게 되었다. 이처럼 사람들의 생활은 수렵과 채집으로부터 조금씩 벗어나 식물을 기르고 가축을 키우는 농사와 사육으로 나아가면서 먹을거리의 안정적인 확보를 가능하도록 하였다.

사람들의 생활에서 찾아낸 여러 가지 방법과 기술은 모두가 필요에 따라 개발된 것이다. 그만큼 사람들은 생각할 수 있는 능력을 갖추었기에 생활에 필요한 무엇인가를 만들고 발전시킬 수 있었다. 사람들이 먹을거리를 확보하고자 수렵과 채취라는 방법을 이용했다고 하더라도 그냥 맨손으로 모든 것을 처리하지는 않았을 것이다. 이를테면 사람이 동물과 맞닥뜨려 죽기 살기로 싸운다 하더라도 맨손으로 싸운다면 항상 이길 수 있는 확률은 보장되지 않았을 것이다. 그러나 사람이 싸움에 유리한 도구를 이용하면 이길 수 있는 확률은 크게 높아진다. 사람들은 긴 막대를 이용하여 동물을 내몰거나 몽둥이로 두들기거나 큼지막한 돌을 던짐으로써 그만큼 유리한 싸움으로 이끌 수 있었을 것이다.

사람들은 이런저런 시행착오를 거치면서 사냥에서 보다 더 유리한 방법과 기술을 찾아내게 되었다. 이를테면 긴 막대기보다도 더욱 효과적인 날카로운 창을 만들어 사용하였고, 몽

둥이보다도 더 효과적인 칼을 만들어 사용하였으며 더 나아가 멀리서도 더욱 위협적인 활과 화살을 만들어 사용함으로써 동물과의 싸움에서 확실한 우위를 확보할 수가 있었다. 물론 이러한 도구들은 손을 쓸 수 있기에 가능한 방법이지만, 동물과 가까이 마주하고 맞서 싸워야 하는 어려움은 여전히 벗어나지 못하였다. 그래서 사람들은 보다 효율적인 사냥 방법을 찾으려 노력하였고 그 결과 보다 효과적인 방법을 마련할 수 있었다.

사람들이 동물 사냥에서 확실한 우위를 점할 수 있는 새로운 방법과 기술은 덫과 올무를 이용하는 것과 그물과 몰이를 사냥에 이용하는 것이었다. 지금까지도 사람들은 동물이 다니는 길목에 덫과 올무를 놓아 힘들이지 않고 동물을 잡고 있다. 그뿐만 아니라 여러 사람이 힘을 모아 동물을 몰아가면 대기하고 있던 사람들이 그물을 던져 동물을 잡는 방법도 생각해 내었다. 더욱이 사람들은 생각을 거듭해 막다른 곳으로 동물을 몰아 그곳에 미리 파두었던 함정에 빠지게 하는 사냥법도 이용하였다. 높은 산이 양쪽으로 서있는 협곡 지형에 미리 구덩이를 파고 그 안에 날카로운 창을 거꾸로 꽂아놓고 구덩이 위로는 나뭇가지로 걸쳐놓아 구덩이가 드러나지 않게 해놓고 그곳을 동물을 몰아 구덩이에 빠지게 해 사냥하는 방법은 사람들이 머리를 써 개발한 놀라운 사냥법이다. 지금도 옛날 사람들이 살았던 곳 가까이에는 사냥에 이용했던 구덩이 흔적을 여러 곳에서 찾아볼 수 있다.

사람들이 조금씩 안정적으로 먹을거리를 확보했다 하더라도 또 다른 종류의 고민거리가 생기기 마련이다. 이런저런 고민거리가 생겼다 하더라도 사람들은 어떻게 해서든지 머리를 써서 새로운 대처 방법을 만들어낸다. 그것이 바로 생활을 현명하게 이끌어가는 생활의 지혜인 것이다. 사람들이 안정된 먹을거리를 확보하는 방법으로 수렵과 채취에서 농사와 사육으로 나아간 것도 그러하거니와 수렵과 채취 방법에서도 보다 효과적인 방법을 찾고자 새로운 사냥 방법을 개발하였고 채취 작업에 필요한 소도구를 생각해낸 것도 모두가 머리를 써서 생각해낸 결과로 보아야 한다.

사람들이 안정된 먹을거리를 확보했다 하더라도 어디에 그것을 놓아두고 얼마만큼 먹어야 하는가는 또 다른 문제이다. 어렵사리 사람들이 구한 먹을거리를 식구들이 먹고도 남는다면 어떻게 해서든지 다음날 먹기 위해 남겨두는 방법을 찾을 수밖에 없다. 그리고 사람들이 어렵게 구한 먹을거리이기에 한꺼번에 다 먹어 치우기보다는 조금이라도 남겨두었다가 배고플 때에 먹는 것이 살아남기 위한 삶의 지혜였을 것이다. 그러기 때문에 예전 사람들도 여러 가지 어려움을 견디고 살아남기 위해서는 필요한 먹을거리를 오랜 기간 동안 보관하는 방법을 찾아 이용할 수 있어야만 했다. 먹을거리를 오랫동안 보관하기 위해서는 무엇보다도 그릇을 만들어 담아두는 방법이 꼭 필요했을 것이다.

　사람들이 어렵게 장만한 먹을거리를 먹을 때에도 손으로 그냥 집어먹을 것이 아니라 먹을거리를 그릇에 담아먹는 것이 보다 효과적이고 편했을 것이다. 이처럼 먹을거리를 담는 그릇은 생활에 필요한 도구이고, 또한 이러한 그릇을 확보하는 것으로부터 문화의 발전이 비롯되었다고 할 수 있다. 사람들이 자연으로부터 얻을 수 있는 가장 손쉬운 수확물은 아마도 나무에서 따는 열매였을 것이다. 그러기에 계절에 따라 잘 익은 열매가 나무에 매달려 있다면 손을 뻗어 열매를 따 한입 깨물어보는 것은 맛보기에 불과한 것이지만, 그 또한 먹는 즐거움의 하나였을 것이다. 잘 익은 채로 나무에 달려있는 오디나 버찌 또는 살구나 매실 아니면 감이나 밤까지 계절에 따라 여러 종류의 열매를 따먹을 수 있는 것이 우리의 자연환경의 선물이다.

　계절에 따라 다른 여러 종류의 열매를 따먹는다 하더라도 혼자만 맛있게 먹을 것이 아니라 집으로 가져가 식구들과 함께 먹으면 많은 사람이 허기를 면할 수 있는 먹을거리가 된다. 그러기 위해서는 나무에 달린 열매를 한두 개만 따지 않고 여러 개를 따야 한다. 이처럼 많은 열매를 따서 집으로 가져가 식구들과 함께 먹기 위해서는 열매를 담아갈 그릇을 생각하지 않을 수 없다. 아마도 나이어린 어린아이라 할지라도 열매를 많이 따 담아가려면 바구니나 아니면 망이라도 이용해야 한다는 생각을 할 것이다. 이처럼 열매를 운반하기 위해 담는 바구니나 망까지도 크게 본다면 그릇의 하나인 것은 틀림이 없다.

옛날 사람들이 먹을거리를 먹다가 남기거나 아예 처음부터 오래도록 저장하려는 목적으로 먹을거리를 보존하는 방법은 시간이 흐르고 경험이 쌓이면서 조금씩 개선되고 발전하였다. 먹을거리를 잘 마른 상태 그대로 유지하거나, 불에 굽거나, 그릇에 넣고 끓이거나, 햇볕에 말리거나, 소금에 절이거나, 연기에 그을리거나 또는 얼리는 등의 여러 가지 방법을 찾아내게 되었다. 유목생활을 하는 사람들은 지금도 겨울철 식량으로 고기를 소금에 절이거나 훈제로 만들어 저장한다. 옛날 사람들은 지역에 따라 동물 기름(獸脂)이나 물고기 기름(魚油)을 모아두었다가 조미료로 이용하거나 연료로 사용하기도 하였다. 지금까지도 이러한 특별한 보존 방법은 여러 곳에서 환경조건에 맞추어 잘 이용하고 있다.

사람들이 무엇을 어떻게 먹을까 하는 것은 모두나 중요하게 생각하는 문제이다. 그러기에 사람들은 식생활과 관계되는 여러 가지 일에 이런저런 표현을 쓰고 있다. 우선 사람들의 식생활에서 가장 많이 쓰고 있는 표현은 아무래도 음식(飮食)이라는 말이다. 음식은 말 그대로 마신다는 뜻의 음(飮)과 먹는다는 식(食)을 합한 것으로 우리가 입으로 먹는 모든 것을 통틀어 일컫는 말이다. 그렇다면 여기에서 조금 더 따져본다면 음식이란 바로 사람 입으로 들어가는 것이니 음식으로 만드는 조리 과정이 끝난 상태를 말하는 것으로 보아도 무방하다. 다시 한 번 더 생각해 보면 음식으로 만들기 이전의 상태인 것은 정확히 말하자면 식재료(食材料)에 해당한다.

이제 여기에서 우리가 많이 사용하고 있는 먹거리라는 말과 먹을거리라는 말을 생각해보자. 그렇다면 음식으로 만들기 이전 상태의 것은 음식을 위한 원재료라는 뜻일 터이니 식재료라는 말이 맞고 이에 해당하는 순수한 우리말은 먹거리보다는 먹을거리라는 표현이 조금은 더 어울려 보인다. 왜냐하면 먹거리라는 말은 사람들이 바로 먹는 것을 나타내는 것처럼 보이지만, 먹을거리라는 말은 아무래도 앞으로 먹을 수 있다는 가능성을 이야기하는 것으로 느껴지기 때문이다. 그러기에 식재료라는 음식의 가능성을 나타내는 말에 해당하는 것은 아무래도 <먹을거리>라는 말이 보다 더 가깝다고 느껴진다.

그런데 우리가 여기에서 한 번 더 생각해보아야 할 것이 있다. 우리말에서 앞으로의 가능성은 물론이고 현재도 할 수 있는 것을 나타내는 말로는 동사의 어간에 도구라는 의미를 가진 <거리>라는 말을 덧붙여 쓴다. 이때 우리말 맞춤법에서는 동사의 어간에 받침이 없을 때에는 <-ㄹ+거리>를 붙이고, 받침이 있으면 <을+거리>를 붙인다. 예를 들자면 눈으로 볼만한 것을 일컬을 때에는 보거리가 아니라 <볼거리>라 적어야 한다. 이런 법칙에 따르면 우리가 먹을 수 있는 음식은 먹거리가 아니라 <먹을거리>로 적어야 한다. 그런데 우리는 좀 더 단순한 것을 좋아해서인지 먹거리라고 하는 짧은 말을 더 좋아하는 경향이 있다. 그렇지만 어디까지나 올바른 표기법에 따르자면 먹거리보다는 <먹을거리>라고 바르게 불러주는 것이 우리말을 보다 아끼는 것이라고 생각한다. 그런데 많은 사람이 '먹을거리' 대신에 '먹거리'라는 말을 자주 쓰므로 최근에 국립국어원에서는 '먹거리'도 복수표준어로 인정하였다.

음식이라는 말과 함께 쓰이는 것으로 식품(食品)이라는 말이 있다. 식품은 말 그대로 먹는 것이라는 뜻이며 우리가 먹는 모든 음식을 다 일컫는 말로도 쓰인다. 그러기에 말 그대로만 한다면 식품이라는 단어는 우리말인 먹을거리와 더욱 가까이 통하는 듯한 말이다. 그래서인지 음식이라는 말은 우리 주위에서 항상 함께 하는 것처럼 가벼운 느낌이 들지만, 식품이란 말은 어쩐지 학술적인 용어처럼 딱딱한 느낌으로 우리에게 다가온다. 한편으로 음식을 담는 도구로 쓰이는 그릇도 식기(食器)라는 말로 부르지만, 학술적인 느낌이 강하게 풍기는 식기보다는 그냥 편하게 그릇이라고 부르는 것이 더 정감이 간다. 이런 느낌은 우리가 우리말을 아끼고 가까이 하는 생각에서 우러나오기 때문일 것이다.

음식을 담아 상에 올려놓고 먹는 그릇을 식기(食器)라고 하는데, 넓은 의미로는 조리 기구와 저장 기구까지 포함시키기도 한다. 그릇은 무엇보다도 음식이 상하지 않아야 하고 가볍고 튼튼하여 다루기 쉬어야 하며 물이 새지 않고 열에도 잘 견딜 수 있어야 한다. 이러한 조건을 갖춘 그릇으로는 나무를 비롯하여 토기, 청동기, 철기, 유리, 도자기, 옹기 등의 여러 가지가 있다. 생활이 발전하면서 사용한 그릇 종류도 다르므로, 그릇 종류만 눈여겨 살펴보더라도 시대적으로 발전한 문화의 흔적을 엿볼 수 있다.

여러 가지 그릇

예전이나 지금이나 한결같이 사람들이 먹을거리를 구해 식구들이 먹을 수 있는 음식으로 만들기 위해서라면 조리에 필요한 그릇이 있어야 한다. 그리고 음식을 마련했다고 하더라도 그냥 아무렇게나 먹는 것이 아니라 음식을 담는 그릇이 있어야 한다. 이처럼 생활에 필요한 그릇은 필요에 따라 여러 종류가 필요하지만, 그릇을 만드는 재료와 방법은 시대에 따라 많은 변화를 겪을 수밖에 없다. 그것은 달리 생각해 보아도 생활의 발전에 힘입어 여러 가지 필요한 그릇 종류가 더 많아진 것이라고 해도 그리 틀리지 않은 말이다.

음식을 구하기 어려웠을 때에는 음식을 구하자마자 바로 손으로 움켜쥐고 입으로 가져가 먹었거나 손가락으로 하나씩 집어먹었을 것이다. 그러다가 음식에 대한 고마움을 느끼면서 먹는 방법도 조금씩 바뀌었을 것이다. 그렇지만 생활이 크게 발전하기 못했던 초기에는 어쩔 수 없이 자연에서 얻을 수 있는 간단한 재료를 가져와 그릇으로 유용하게 사용했을 것이다. 이를테면 넓적한 나뭇잎을 따와 바닥에 깔고 음식을 올려놓기도 했을 것이고, 손바닥만한 풀잎에 음식을 싸서 먹기도 했을 것이며, 가느다란 나뭇가지를 꺾어 날카로운 쪽으로 음식을 찔러먹기도 하였을 것이다.

그러다가 사람들은 가느다란 나무덩굴을 엮어 음식을 담을 수 있는 바구니 따위를 만들어 쓰기 시작하였을 것이다. 그런데 나무덩굴을 엮어 만든 바구니에는 물을 담을 수 없으므로 물을 담을 수 있는 그릇의 필요성이 절실하였을 것이다. 그러다가 사람들이 불을 이용하면서부터 음식을 날로 먹지 않고 익혀 먹는 방법을 찾아내었다. 음식을 익혀먹자면 음식 재료를 담아 불에 익힐 수 있는 그릇을 만들어야 했고, 이에 따라 사람들은 그릇을 만들고 음식을 만들어먹는 지혜를 발휘하기 시작하였을 것이다. 그러다보니 사람들은 불을 이용해 그릇을 만드는 방법까지도 생각해낼 수 있었을 것이다.

사람들이 맨 처음 찾아낸 그릇 재료는 어쩌면 나무줄기였을 것이다. 나무줄기는 자연에서 쉽게 구할 수 있는 것이기에 바로 그릇을 만들어 사용했을 것이지만 물을 담을 수 없는 것이기에 할 수 없이 다른 재료를 찾았을 것이다. 그렇게 해서 생각해낸 것이 바로 흙이라는 재료였을 것이다. 흙을 물에 개어 반죽하고 적당한 모양으로 만들어 굳히면 그럴듯한 모양과 크기의 그릇을 만들 수 있었다. 그러나 아쉽게도 이런 그릇은 단단하지가 않아서 오래 사용할 수가 없었다. 그래서 다시 찾아 낸 방법이 흙으로 빚어 만든 그릇을 불에 구워 단단하게 하는 것이었다. 불에 구워낸 흙은 의외로 단단해진다는 것은 불을 사용하다보니 저절로 알게 된 사실이었다. 오랜 시간 동안 그러그러한 시행착오를 거치면서 흙으로 만든 토기(土器)라는 그릇을 만들어 사용하게된 것은 사람들로 하여금 생활의 발전은 물론 문화의 길로 들어서게 만들었다고 생각한다.

아주 옛날에 수렵과 채취를 하며 살던 사람들이 사냥해서 잡아온 고기를 먹고 남았거나 채취한 열매를 먹고 남았을 때에 이것을 담아 보관하자면 그릇이 필요했다. 따라서 먹고 난 음식물을 보관하기 위해서라도 가장 먼저 토기(土器, 진흙으로 만들었기에 질그릇이라는 말이 더 어울린다)를 구워 보관 그릇으로 이용하였다. 역사적으로 본다면 점차 시간이 지나면서 빗살무늬 토기를 만들어 쓰던 시대에 민무늬 토기를 쓰는 사람들이 들어와 농사를 짓고 살기 시작하였다. 수렵과 채취 생활에서 비교적 간단한 그릇만을 만들어 쓰던 사람들이 이제는 농사지은 곡식을 재료로 여러 가지 음식을 조리해야 하는 필요성이 생겼고 따라서 용도에 맞는 여러 가지 그릇을 만들어야만 했다. 당시에 쓰던 토기의 흔적을 보더라도 음식을 간단히 구워먹는 것은 물론이고 더 나아가 끓여먹는 조리법이 나타났음을 알 수 있다. 고구려 고분 벽화에 나타난 것을 보더라도 당시에는 밥을 지을 때에는 지금처럼 끓이지 않고 시루에 쪄먹었다는 사실도 알 수 있다.

시대에 따른 그릇의 발전 과정을 살펴보면 토기로부터 시작하여 자기(瓷器)로까지 이어진다. 우리나라에서도 흙을 재료로 한 그릇의 발전과정은 토기에서부터 청자를 거쳐 백자로 이어지는 것이 대체적인 변화 과정이라고 할 수 있다. 그 외에도 청자와 백자 사이에도 분청자(분청사기와 같은 말이다)가 있고 일시적이기는 하지만 초기백자가 잠시 만들어지기도 하였다. 또한 질그릇이라 부르는 옹기(甕器)도 토기에 뒤이어 오랫동안 사용된 그릇이다. 그뿐만 아니라 흙이 아닌 재료로 만든 그릇을 찾아보면 나무로 만든 목기(木器)가 있고, 놋쇠로 만든 유기(鍮器)가 있으며 쇠로 만든 철기(鐵器) 외에도 유리와 플라스틱으로 만든 그릇도 있다.

우리가 오랫동안 써왔던 토기를 비롯하여 청자, 분청자, 백자 그리고 옹기라는 그릇은 모두가 손으로 빚어 만들고 가마에서 구워낸 그릇들이다. 이러한 그릇은 모양을 잡을 때에 물레를 돌려가며 반듯하게 다듬기는 하지만, 이러한 과정을 거친다고 해서 기계로 만든다고 할 수는 없다. 사람들이 많이 쓰는 그릇을 만들기 위해서는 같은 모양의 그릇을 대량으로 만들어내는 방법을 찾아야 한다. 그러기 위해서는 이른바 대량생산 체계를 갖추어야 하는데, 손으로 빚어 만드는 그릇이기에 사람의 손을 빌리는 한 소량생산이라는 한계를 극복하기가 어렵다. 어쨌거나 대량으로 생산하기 위해서는 기계로 만든 틀을 이용해 찍어내야 하지만, 그럴 수가 없다면 여러 사람이 작업을 나누어 하는 것이 하나의 방법이다. 일제강점기에 이르러 그릇의 수요가 많아지면서 공장에서 대량으로 그릇을 생산하기 시작하였다. 이때에 만든 그릇이 바로 사기(沙器) 그릇으로 이제까지 전통적인 생산 방식으로 만들던 백자 자리를 대신하게 되었다.

집안에서도 음식을 만들어 담아두는 그릇 종류에는 여러 가지 형태가 있다. 먼저 물이나 술 그리고 간장이나 된장 등을 담아두는 항아리를 꼽을 수 있다. 항아리는 다른 말로 독이라고도 부른다. 그래서 물항아리, 술항아리, 장항아리를 물독, 술독 장독이라고도 한다. 항아리가 큰 것은 어른이 들어가고도 남을 정도로 크다. 어렸을 때에는 항아리를 모아둔 장독대에서 숨바꼭질을 하고 놀았던 기억도 새롭다. 이처럼 큰 항아리보다 작은 크기의 그릇은 동이라고 하거나 단지라고 한다. 큰 항아리와 작은 단지들이 늘어선 장독대는 집안의 보물창고라 불러도 손색이 없을 정도이니 어른들은 어린이들이 장독대 근처에서 놀기라도 하면 혹시라도 깨질까봐 조바심에서 놀지 못하게 타이르시기 마련이다.

음식을 장만하는 부엌에서는 큰 그릇이 많이 필요하지는 않다. 쌀을 씻고 반찬을 만드는 작은 크기의 자배기나 큰 그릇으로 쓰는 푼주는 경우에 따라 설거지통으로도 이용할 수 있다. 그러나 무엇보다도 부엌에서는 밥과 반찬 그리고 국을 담을 수 있는 크고 작은 크기의 주발이나 접시 및 종지 같은 그릇이 많이 있어야 한다. 같은 그릇이라 하더라도 밥을 담으면 밥그릇이 되고 국을 담으면 국그릇이 되며 반찬을 담으면 반찬그릇이 된다고는 하지만, 밥을 담는 주발과 국을 담는 국그릇 모양이 같을 수는 없다. 이와 마찬가지로 많은 양의 음식을 담는 대접에 반찬을 담아 상에 올릴 수는 없는 노릇이다. 왜냐하면 무릇 음식은 먹고 나면 똑같다고 할지라도 음식을 만들고 차려 먹을 때까지 모양과 격식을 갖추어야 하기 때문이다. 그러기에 음식은 단순히 먹는 것을 벗어나 생활이 되고 또한 문화로까지 발전하는 것이라고 생각한다.

오래 전에 사람들이 불을 사용하면서부터 추위로부터 몸을 따뜻하게 지켜낼 수 있었다. 그리고 사람들이 불을 꺼트리지 않고 오랫동안 불씨를 보관하는 방법을 알게 되었고, 더 나아가 불을 이용해 음식을 조리해 먹었으며 더욱 중요한 것은 음식을 보관하는 여러 종류의 그릇도 만들어 이용하였다. 사람들이 가장 먼저 생각해낸 것은 진흙을 물에 개어 반죽을 만들고 이로부터 간단한 그릇을 만들어 사용하기 시작하였다. 그러다가 이런 흙그릇은 오래도록 사용하기 어려웠기에 이것을 다시 불에 구워 보다 강한 질그릇인 토기를 만들어 생활에 이용하였다. 그리고 나중에는 사람들이 가마를 만들어 훨씬 높은 온도에서 보다 강한 경질의 토기를 구워내었고, 이러한 토기보다도 더 튼튼한 도기(陶器)와 자기(瓷器)까지 구워 필요에 따라 쓰기에 알맞은 그릇을 만들어 이용하였다.

특별히 옹기나 도자기는 높은 온도에서 유약을 발라 구워 만든 그릇이므로 물을 흡수하지 않는 특별한 성질을 나타내고 있다. 그러기에 이들 그릇은 강한 열을 받더라도 쉽게 갈라지거나 깨지지 않는 성질을 보이므로 솥이나 냄비처럼 불 위에 올려놓고 끓이는 용도로 이용하였다. 이를테면 질그릇이라고도 부르는 도기는 열에도 강한 동시에 한번 뜨거워지면 오랫동안 식지 않는 열 보존력이 높으므로 오래 전부터 뜨거운 음식물을 담는 그릇으로 널리 이용하였다. 지금도 설렁탕이나 해장국처럼 식으면 맛이 덜하고 기름이 엉기는 음식 종류는 뚝배기 같은 도기에 담아먹는 까닭이 여기에 있다. 또한 뚝배기는 내열성과 열 보존력이 높아 각종 찌개를 끓여먹는 그릇으로도 지금도 널리 이용하고 있다.

얼마 전에 있었던 일이다. 가끔 시간이 날 때면 한 번씩 들렀던 고미술품상에서 독특하게 생긴 질그릇 하나를 우연히 보게 되었다. 크기나 모습은 마치 예전에 쌀 한말을 되는 나무통만한 크기였는데, 솥뚜껑보다도 평평한 모양의 뚜껑까지 갖추어져 있었다. 궁금한 마음에 주인아주머니에게 용도가 무엇이었냐고 물어보았더니 예전에 쓰던 솥이라는 답이었다. 그럴 수도 있겠구나 하는 생각이 들었지만, 곰곰이 생각해보니 솥이라면 몸통 옆으로 튀어나온 전이 있어야 할 것인데 그러지 않았기에 더욱 궁금한 생각이 들었다. 전이 없는 모양으로 보더라도 마치 지금의 스텐(stainless steel)으로 만든 찜통과도 모양이 비슷하게 생겼다.

모양은 그렇더라도 분명히 무엇인가 그 안에 넣고 끓이거나 삶는 용도로 쓰인 것은 틀림이 없었다. 이 그릇의 쓰임에 대해 이런저런 생각을 해보았지만, 아무래도 사람들이 오래도록 삶아야 하는 특별한 고기 음식을 만드는 그릇일 것이라고 나름대로 결론을 내려 보았다. 이 찜통 같은 그릇에 굳이 집안에서 요리할 수 있는 닭고기나 돼지고기를 넣고 끓이지는 않았을 것이라면 어쩌면 약으로 쓸 뱀을 넣고 마당 한쪽에서 끓이지 않았을까 생각해 보았다. 지금도 그 예상은 아마도 그럴듯하다는 생각이다. 이처럼 우리 생활 속에서 오래도록 열을 가해 끓이는 음식을 만드는 그릇으로 질그릇만큼 적당한 것도 쉽게 찾아보기 어렵기 때문이다.

가마 속에서 유약을 몸에 바르고 전혀 다른 모습으로 태어난 그릇은 물을 밀어내는 소수성(疏水性)을 나타내지만, 자연 그대로의 흙은 물과 잘 어울리는 친수성(親水性)을 보여준다. 이처럼 이중적인 성질을 가지고 있는 흙으로부터 사람들은 흙의 친수성을 찾아내어 생활 속에서는 그릇과 전혀 다른 용도로 이용하고 있다. 이를테면 흙은 습기를 조절하는 능력이 뛰어나다는 것을 알고 난 다음에 사람들은 식품이나 곡물을 저장하는 창고는 반드시 흙으로 벽을 쌓았다. 우리는 이러한 방법을 <토장(土藏)>이라 하는데, 창고의 벽과 천장 그리고 바닥을 모두 흙으로 만들어 저장물을 효과적으로 보존하고자 힘썼다.

흙을 구워 만든 토기나 질그릇 그리고 도자기 이외에도 사람들은 금속으로 만든 그릇을 생활 속에서 이용하였다. 금속 그릇 가운데에서도 은그릇(銀器)과 놋그릇(鍮器)은 여러 가지 독성에 민감하게 반응한다. 따라서 임금님의 수랏상에는 은그릇을 많이 이용하였다. 만약 음식에 독극물이 들어 있기라도 한다면 은그릇의 색깔이 변하므로 금방 알 수 있기 때문이다. 가정집에서도 유기나 은수저를 이용하는 것도 이와 같은 이유에서다. 조선시대에 부녀자나 사대부들이 많이 사용하였던 은장도에도 자그마한 은젓가락을 끼우는 자리를 만든 것도 모두가 독극물에 예민한 속성을 생활에 이용한 예이다.

모든 음식은 제각기 조금씩이나마 사람 몸에 안 좋은 성분을 포함하기도 하는데, 특별히 은그릇과 놋그릇은 음식에서 나쁜 성분을 먼저 흡수해서 맑고 깨끗한 성분만 사람에게 제공하는 좋은 점이 있다. 이를테면 은그릇과 놋그릇은 짠 성분을 싫어하므로 만약에 짠 음식을 담으면 그릇 색깔이 쉽게 변하거나 심하면 부식을 일으켜 표시가 난다. 그러기에 발효 식품인 김치는 웬만해서는 놋그릇에 담지 않는다. 또한 놋그릇에 간장을 담는 것도 잘못된 사용법이며, 이와 마찬가지로 된장도 역시 놋그릇에 담지 않는 것이 옳다.

이처럼 놋그릇은 혹시라도 음식에 들어있는 독성을 제거하는 좋은 성질이 있으므로 오랫동안 식기로 널리 이용하였다. 물론 일제 강점기에는 놋그릇은 전쟁 물자로 사용하고자 집집마다 공출해야 하는 서러움을 받기도 하였다. 그렇더라도 놋그릇은 이러한 장점을 가졌기에 어려움 속에서도 근근이 살아남았다. 그러다가 한국전쟁 이후에는 각 가정에서 나무 대신에 연탄을 연료로 사용하면서 연탄가스에 변질되기 쉬운 놋쇠의 성질 때문에 차츰 그 사용이 줄어들었다. 현재는 놋그릇은 제사 때에나 쓰는 그릇으로 알려져 있으며, 놋그릇의 생산도 몇몇 지역에서만 주문을 받거나 특별한 용도로 조금씩 만들고 있는 형편이다. 특히 안성의 유기는 옛날부터 <안성맞춤>이라는 말이 나올 만큼 품질이 좋아 많은 사람들의 사랑을 받았던 놋그릇이다.

이중독과 매병

우리나라에서는 오래 전부터 흙으로 빚어 만든 크고 작은 항아리를 살림 도구로 많이 이용하였다. 삼국시대 이전의 철기시대, 청동기시대 그리고 석기시대에도 크고 작은 항아리를 빚어 이용한 흔적도 곳곳에서 발견된다. 한강변에 위치한 암사동 유적지에서도 움집터가 발견되면서 수많은 토기 파편들이 함께 나왔다. 이들 파편들을 모아 조각 맞추기를 해보면 놀랍게도 길쭉한 항아리 모양의 그릇이 드러난다. 이른바 석기시대에서 철기시대에 이르기까지 여러 모양의 토기들이 나타난다. 비록 몸통이 둥그런 항아리 모양이 아니더라도 제법 몸통이 길쭉하고 바닥이 뾰쪽해 보이는 토기들이다. 어떤 것은 쇠뿔 모양의 손잡이도 달려있어 쇠뿔항아리라는 이름으로도 불린다. 그릇 바닥이 제법 뾰쪽하기에 받침이 없이 홀로 서있지는 못하지만, 움집 바닥이 푸석푸석한 모래흙이라면 조금만 흙을 헤집고 세워놓는 것도 그리 어렵지만도 아닐 것이라는 생각이 든다.

삼국시대 이전만이 아니라 삼국시대에 이르러서는 길쭉한 모양의 항아리가 아니라 그야말로 둥그런 몸통을 가진 항아리가 더 많이 나타난다. 아무래도 바닥이 넓은 항아리는 바닥이 뾰쪽한 것보다도 훨씬 쓰임새가 많았을 것이다. 더욱이 둥그런 모양의 항아리는 웬만한 바닥에서도 힘들이지 않고 혼자서도 넘어지지 않고 서있을 터이니 더욱 다양한 용도로 이용되었을 것이다. 물론 양손으로 들어 올릴만한 작은 크기의 항아리에서부터 두 팔을 벌려 안아야만 할 정도의 큰 항아리와 혼자서는 엄두도 못 낼 정도의 아주 큰 항아리까지 다양한 크기의 항아리들이 곳곳에서 발견되고 있다. 이런 것들은 아마도 많은 양의 곡식을 저장하는 용기로 사용되었을 터인데, 여러 곳의 유적지 발굴 과정에서 이처럼 큰 항아리들이 드러나고 있다.

한강을 내려다보는 언덕에 산성과 보루를 쌓고 고구려와 백제가 서로 힘겨루기를 하면서 한강 지배권을 확보하려 할 때였다. 지금은 한강은 전부가 대한민국 영토이지만 당시에는 백제와 고구려 사이에서 누가 한강을 지배하느냐 하는 문제는 단순히 배를 띄워 물자를 나르기 위한 것보다도 국가의 존망에 관한 문제이기에 서로가 놓쳐서는 안 될 위기의 문제였다. 결국에는 백제가 지배권을 놓치고 어쩔 수 없이 공주로 그리고 부여까지 수도를 옮겨야 했던 아픈 역사를 간직하고 있다. 당시에 산성과 보루 유적지에서는 한 길 높이에 가까운 크기의 항아리가 여러 개 한꺼번에 발견된 적이 있다. 학자들은 그것이 병사들이 주둔하던 자리이고 병사들을 먹이기 위한 식량을 보관했던 창고 터라는 사실을 밝혀내었다.

삼국시대 이래로 물론 그 이전부터 우리 생활에서 항아리의 쓰임새는 먹을거리를 저장했던 그릇이라는 사실을 잘 알 수 있다. 물론 세월이 흘러 고려와 조선에 뒤이어 지금까지도 항아리는 음식물을 보관하는 그릇이라는 사실은 크게 변하지 않았다. 물론 용도에 맞게 여러 종류의 음식물을 저장하는 기능이 덧붙여지면서 항아리의 쓰임새는 더욱 다양해졌다. 이를테면 간장, 된장, 고추장 등의 장류를 담거나 여러 종류의 젓갈류는 물론 여러 종류의 김치를 담는 그릇으로 지금까지도 널리 이용하고 있다.

항아리는 항아리인데 매우 독특하게 생긴 항아리가 하나 있다. 항아리 몸통의 어깨 부분에서 옷깃을 위쪽으로 바짝 세워 올린 것처럼 전을 둘렀다. 물론 항아리 어깨에 붙인 전은 직선으로 곧추세운 것이 아니라 옆에서 보면 부드러운 곡선처럼 말아 올렸다고 표현하는 것이 더욱 그럴 듯하다. 물론 항아리에는 뚜껑도 덮여 있는데, 일반적인 항아리 뚜껑보다도 더 둥글게 올려 마치 반달 모양 뚜껑을 덮어놓은 듯한 모양이다. 물론 뚜껑 손잡이는 제법 큼지막한 연꽃 봉오리를 닮아있다. 그래서 사람들은 이것을 연봉뚜껑이라고도 부른다.

항아리 몸통에 붙은 전은 아무래도 모양으로 붙여놓은 것은 아니다. 비가 내리더라도 빗물이 바로 흘러내리지 않고 전 안에 빗물이 채워있도록 만들었다. 물론 뚜껑을 덮는 항아리 입은 전에 물이 채워진다 하더라도 안으로 물이 흘러들어가지 않을 정도로 충분히 높은 곳에 있다. 사람들은 이처럼 독특한 모양의 항아리를 <이중독>이라고도 부른다. 도대체 이 이중독은 어떤 용도로 쓰인 것일까? 언젠가 여러 종류의 옹기를 모아놓고 전시한 박물관에서는 이 이중독의 용도는 더운 여름에 산간지방에서 김치를 담았던 것이라고 하였다. 더운 날씨에 보다 시원한 김치를 먹고자 전 안에 차가운 계곡물이 담아놓으면 항아리 안의 김치는 더욱 시원해지리라는 생각에서 그렇게 설명했을 것이다. 물론 그럴듯한 이야기이기도 하다.

이 독특한 모양의 이중독은 지리산 근처의 산간지방에서 꽤 많이 보인다. 지리산 근처뿐만 아니라 영남지역 여러 곳에서도 크고 작은 이중독을 제법 많이 볼 수 있다. 그렇다면 이 지역에 사는 사람들에게 이중독의 용도를 알아볼 수 있다. 우연찮게 이중독을 상품으로 내놓은 고미술상 주인에게 이중독의 용도를 물어보았더니 단번에 장단지라고 답하였다. 된장 고추장은 가시(구더기)가 많이 덤비므로 이들의 이동을 막으려고 항아리 입 주변에 물을 채워놓는 것이라는 설명이었다. 그 지역에 사는 사람들이 오래 전부터 이용해오던 내용을 들려주는 말이기에 더 의심할 여지가 없다.

아주 오래 전부터 우리나라 각 지역에는 이처럼 독특한 모양을 한 질그릇(옹기)을 만들어 필요에 따라 유용하게 쓰고 있다. 그리고 우리나라 전역에 걸쳐 이런저런 항아리들은 옹기라는 이름으로 우리 생활 속에서 여러 가지 용도로 지금까지도 쓰이고 있다. 그런데 최근에 이르러 우리 생활 방식이 많이 서구화되면서부터 조금씩 옹기는 우리 생활에서 멀어지고 있다. 그래서 이제는 여러 종류의 물건을 담는 그릇이 알게 모르게 플라스틱으로 대체되면서 흙을 원료로 하는 토기나 옹기는 우리 곁에서 점점 사라져가고 있다. 어쩌면 이중독의 용도를 정확히 헤아리지 못한 것도 항아리가 그만큼 우리 생활과 관심에서 멀어져버렸기에 나타나 결과라고 할 수 있을 것이다.

우리가 사용했던 예전의 그릇 가운데에서도 지금은 더 이상 사용하지 않으므로 그 용도가 정확히 무엇인지 알지 못하는 것이 있다. 아니 그 용도를 안다고는 하더라도 정확하지 않은 것을 그대로 알고 있는 것도 있을 것이다. 누군가 정확히 설명해주지 않는다면 언제까지나 잘못 알고 있는 사실이 다음 세대에까지도 이어갈지도 모른다. 한 가지 예를 들어보자 고려시대에 유명한 청자 가운데 매병이라는 그릇이 있다. 입이 자그마하고 어깨선이 바깥쪽으로 흘러내리는 모양이 허리아래 발까지 그대로 부드럽게 내려가 전체적인 그릇 모양이 대단히 우아하게 보이는 그릇이다. 청자 매병 가운데 특별한 하나에는 많은 구름과 여러 마리 학이 상감 처리되어있어 국보로 지정되어 이미 널리 알려져 있다.

그런데 이 매병은 도대체 어떤 용도로 쓰인 것일까? 그릇의 입이 조금 작기는 하더라도 전체적인 크기와 모양이 마치 요즈음 우리 생활에서 많이 쓰이는 꽃병처럼 보인다. 그런 생각으로 보면 사람들에게는 이 매병은 꽃병이라는 생각이 얼른 떠오른다. 그래서인지 옛날 사람들이 특별히 귀하게 여겼을 매화(梅花)를 꽂았으리라는 생각으로 매병이라는 이름이 자연스럽게 붙었다. 아마도 그러한 뜻에서 국어사전에도 매병(梅瓶)이라고 한자까지 함께 쓰였을 것이다. 한편 어떤 사람은 매병은 매를 닮았기에 매병이라 부른다고 설명하기도 한다. 매가 앉아있는 모습이 이 그릇과 비슷하다는 것이다. 물론 그렇게 보면 그렇다고 할 수도 있다. 그런데 '매'라는 말은 순수한 우리말이고 '병'은 한자에서 비롯한 것으로 보아 처음부터 어울린 말이 아닌 것처럼 느껴진다. 하기야 우리가 흔히 쓰는 술병이라는 말도 주병(酒瓶)이라는 말보다 훨씬 많이 쓰고 있으니 굳이 아니라고만 주장할 수도 없다. 그런데 국립중앙박물관에는 특별한 이 매병 이외에도 다른 매병이 여러 점 보인다. 그리고 그 가운데에는 뚜껑이 덮인 것도 있다. 이런 뚜껑을 보는 순간 아니 도대체 꽃병에 뚜껑을 덮는 경우가 있을까라는 의문이 당연히 뒤따른다.

자, 여기서 한번쯤 돌이켜 생각해 보자. 누구라도 꽃병에 뚜껑을 덮는 경우는 거의 없다. 뚜껑을 덮는 그릇이라면 누가 보더라도 액체를 담는 그릇이라고 생각할 것이다. 어쩌면 술이라도 담아두고 조금씩 마시다가 남은 것을 뚜껑이라도 덮어두었는지 모른다. 어쩌면 술 이외에 다른 액체 음식을 넣어두었을지도 모른다. 이를테면 감주나 수정과처럼 사람들이 즐겨 마실 수 있는 음식을 담아두었을지도 모르는 일이다. 어떤 경우라도 모두 그럴듯한 생각이다. 그만큼 사람들이 즐겨 마실 수 있는 액체 음식을 담아두었을 것이라는 생각이 매병의 용도로 더 큰 설득력을 갖는다.

그런데 얼마 전에 서해 앞바다에서 청자 운반선 한 척이 모습을 나타냈다. 오랫동안 개펄 속에 엎드려 있다가 물길이 바뀌면서 그 모습을 드러낸 것이다. 물론 배에서 흘러나온 청자 몇 점이 어부들의 그물에 걸려 모습을 나타낸 것이 발견의 시작이 되었다. 본격적인 탐사가 시작되었고 잠수부들이 건져 올린 수많은 청자 가운데에는 매병도 몇 점이 있었다. 게다가 그 매병에는 나무로 된 물표가 있었는데, 거기에는 개성에 있는 장군에게 꿀을 담아 보낸다는 내용이 적혀있었다. 이 사실로부터 우리는 그동안 상상으로만 짐작해 오던 매병의 용도를 비로소 정확하게 알게 된 것이다. 이렇게 해서 매병은 꿀병으로 쓰였다는 사실이 확실히 밝혀진 것이다. 그렇다고 해서 매병은 꼭 꿀만 담아야 하는 것은 아닐 것이다. 모든 이에는 융통성이 있는 것이니 액체 성분의 음식은 무엇이든지 담을 수 있는 것이 병이라는 그릇이기 때문이다. 다만 우리가 이제까지 확실히 알지 못했던 매병의 용도를 확인한 것만도 우리 문화를 이해하기에 대단히 중요한 하나의 성과로 보아야 하기 때문이다. 이처럼 우리가 오랫동안 모르고 지나쳐왔던 우리 문화의 한 토막을 새롭게 찾아내는 것은 그만큼 가치가 있고 동시에 우리 문화와 역사 그리고 전통을 살리는 것이기에 즐거움과 기쁨이 함께 하는 일이다.

그릇과 음식문화

그릇은 음식을 담는 것이지만, 그 모양이나 형태는 지역이나 나라 또는 환경에 따라 서로 다른 차이점을 보일 수밖에 없다. 지역과 환경에 따른 음식문화와 그릇의 차이점을 비교하는 것도 재미있는 설명의 하나가 된다. 우리나라 안에서도 지역에 따라 음식문화는 물론이고 그에 따른 그릇의 모양도 조금씩 차이를 느낄 수 있다. 예를 들자면 남쪽지방의 항아리는 배가 부른데, 중부지방의 항아리는 배가 홀쭉한 차이를 보인다. 이처럼 한 나라 안에서도 지역적인 차이가 나타나지만, 더 넓은 대륙인 아프리카의 해안지역과 내륙지역에서 드러나는 음식문화의 차이와 또한 그에 따라 사용하는 그릇의 차이는 더욱 크게 나타난다.

아프리카 내륙에 사는 원주민들의 식생활을 한번 들여다보자. 일인당 국민소득과 GNP가 다른 나라에 비해 형편없이 낮은 수준이기에 원주민들의 밥상이 푸짐할 것이라는 기대는 하지 않는다. 이미 많은 사람들이 매스컴을 통해 알고 있는 것처럼 이들의 일상적인 식생활은 분명히 화려한 것은 아니다. 탄수화물이 주성분인 옥수수 가루나 타로를 찧은 음식 재료에 몇 가지 식물 이파리를 양념으로 더하고 여기에 가능하다면 고기 몇 조각이라도 냄비에 넣고 끓인 다음에 접시에 담아 먹는 것이 이들의 식생활이다.

이들의 식단에서 쓰이는 그릇은 음식을 끓일 수 있는 솥이나 냄비 그리고 각자 떠먹는 접시와 나무숟가락 정도로 간단한 편이다. 물론 이들이 구할 수 있는 음식 재료도 넉넉한 편은 아니지만, 이와 함께 음식을 조리할 수 있는 도구나 연료는 물론 식수까지도 충분하지 않기에 더욱 그러하다. 메마른 땅에 나무가 많이 자라지 않으니 연료를 쉽게 구할 수 있는 것도 아니고, 나무가 많지 않으니 물도 충분하지 않고 그에 따라 충분한 음식 재료도 마련하기가 쉽지 않다. 그래서 이들이 할 수 있는 조리법은 가능한 재료를 한데 모아 끓여먹는 간단한 정도에 불과하다. 이처럼 간단한 조리법은 이들의 살림 형편에 맞추어 자연스레 태어난 것이라 하여도 큰 무리가 아니다.

아프리카 내륙에 비해 해안가에 사는 사람들의 식생활은 조금 다른 형편이다. 우선 바닷가에 살기에 여러 종류의 물고기를 잡아먹을 수 있다. 그리고 해안에서는 내륙보다도 나무들이 자라기에 형편이 낫다. 그래서인지 아프리카에서는 대부분의 큰 도시나 국가들이 해안가를 따라 발전하고 있다. 이처럼 해안가를 따라 발전한 지역에 사는 사람들의 식생활은 내륙에 비해서 분명히 풍성한 편이다. 이들이 먹는 음식 종류를 헤아려보더라도 풍성한 식사임에 틀림이 없다. 여러 종류의 해산물 요리는 물론 다양한 채소로 만드는 샐러드와 주식으로 먹는 빵과 고기 요리 등이 한데 어울려 이들의 식단을 풍성하게 만들어준다.

다양한 재료로 만들어낸 여러 종류의 음식을 식탁에 펼쳐놓고 의자에 앉아 먹는 이들의 식생활은 유럽식 식단과 비교해도 크게 다르지 않을 정도이다. 이러한 느낌은 오래 전부터 유럽과의 교류를 통해 음식문화를 받아들였기에 그러하다고 생각하는 사람도 있을 것이다. 그러나 음식문화가 발전하려면 우선 음식을 만드는 재료가 다양해야 한다는 자연적인 조건이 먼저 갖추어져야 하고, 이와 더불어 다양한 음식을 만들어먹고 즐길 수 있는 인위적인 조건이 뒷받침되어야 한다. 음식 재료가 다양한 만큼 음식 종류도 많아질 것인데, 여러 음식을 담을 그릇 종류도 그만큼 다양해야 비로소 풍성한 식탁을 준비할 수 있다.

생선 요리를 하더라도 통째로 담을 만한 크고 네모난 접시나 깊고 둥그런 주발 등의 그릇이 있어야 한다. 또한 푸성귀를 담을만한 큰 접시로부터 여러 종류의 채소와 과일을 넣어 만든 샐러드를 담는 큰 사발 같은 그릇 그리고 샐러드를 개인별로 가져다 먹는 개인 접시도 필요하다. 빵을 담는 큰 그릇도 필요하고 빵을 써는 칼과 썰어놓은 작은 조각을 찍어먹을 포크도 있어야 한다. 그뿐만 아니라 스프처럼 국물을 담을 그릇은 물론 국물을 떠먹을 숟가락까지도 준비해야 한다. 이처럼 풍성한 식탁을 마련하기 위해서는 여러 가지 필요한 것들이 마련되어야 한다.

여러 종류의 음식을 마련하기 위해서 필요한 것은 음식 재료이다. 땅에서 나는 여러 종류의 푸성귀와 곡식 그리고 열매들은 물론 바다에서 나는 여러 종류의 물고기까지도 풍성한 식탁을 꾸미기 위해 필요한 재료이다. 다양한 재료를 이용해 여러 가지 음식을 마련하는 과정에서도 필요한 도구들이 있다. 이른바 조리도구들이다. 음식 재료를 다듬는 칼과 도마는 물론이고, 정성들여 손질한 재료를 담아 익히고 끓이고 삶아내는 데에 필요한 조리기구가 있다. 여러 종류의 크고 작은 솥과 냄비들은 물론 프라이팬과 뜰채 등이 있어야 한다. 그뿐만 아니라 조리과정에서 필요한 열을 제공하는 연료를 확보하는 것도 생각해야 할 일이다. 마지막으로 필요한 것은 조리한 음식을 담아내는 그릇이다. 그릇도 모양과 크기에 따라 여러 종류를 미리 준비해두어야 할 일이다.

우리가 생각하는 음식문화는 단순히 먹는 것으로만 그치는 것이 결코 아니다. 음식을 마련하는 과정에서 필요한 재료 선택은 물론 조리 방법과 기술 그리고 조리하는 과정에서 들어가는 여러 종류의 양념과 연료 및 조리기구 그 외에도 음식을 즐기는 사람들의 생활환경과 마음까지도 고려해야 한다. 이처럼 음식을 둘러싸고 일어나는 모든 것이 한데 어울려 문화로 발전해 나아가는 것이 바로 음식문화라고 할 수 있다. 그리고 이러한 음식문화는 사람들에게 사람답게 살 수 있는 생명력을 불어넣어 주는 밑거름이 된다.

5. 자연을 담은 나무 이야기

나무를 심는 마음

사람이 살아가는 동안에 필요로 하는 것들이 몇 가지가 있다. 누구든지 생활에 필요한 것을 꼽으라면 사랑과 건강 그리고 가족과 돈 등을 말한다. 물론 사람들마다 생각하는 정도는 다 다르겠지만, 일반적인 조건을 생각한다면 아마도 의·식·주에 관한 것을 필수적인 조건으로 꼽을 것이다. 그야말로 가장 기본적인 삶의 조건이라 할 수 있는 것들이기 때문이다. 사람은 누구나 먹어야 한다는 것과 입어야 한다는 것 그리고 발 뻗고 자야 한다는 것은 살아가는 데에 빼놓을 수 없는 가장 기본적인 조건들이다.

인류가 이 세상에서 자리 잡고 살면서 어떻게 생활이 발전하였는지 살펴보는 것이 문화인류학이고 또한 역사이다. 그 가운데에서도 사람들이 옛날부터 어떤 집에서 살았을까 하는 것도 꽤나 궁금한 것이다. 물론 시간이 흐르면서 사람들의 집은 움집으로부터 초가집 기와집 등으로 발전해 오늘에 이르렀지만, 사람들이 편안히 지낼 수 있는 집에 대한 생각은 예나 지금이나 그리 다르지 않을 것이라는 생각이 든다. 우선 사람들이 생각하는 집이란 외부의 위험으로부터 보호받으려는 생각이 크고, 뒤이어 가족과 함께 편안하고 건강하게 살 수 있는 조건을 찾으려 하기 때문이다. 이런 모든 조건을 갖춘 집이라면 이전부터 지금까지 누구에게나 환영받는 집이라 생각한다.

옛날부터 사람들은 햇빛이 잘 비치는 양지바른 곳에 집을 지었다. 그래야 사람 사는 집이 밝고 따뜻하다는 사실을 경험적으로 알고 있었다. 그래서 사람들은 집터를 잡는 것에서부터 해가 비치는 방향을 중요하게 생각하였다. 남쪽에서 떠오르는 해를 바라보며 집을 앉히고 대문은 자연스럽게 동쪽을 향하는 것은 지금까지도 이어져 내려오는 사람들의 생각이다. 물론 집터로는 반반하고 널찍한 곳을 골랐으며, 그리고 집을 세우기 위해서는 약간 높게 터를 돋우는 것도 잊지 않았다. 그러다보니 조금 패인 곳은 돌과 흙으로 돋아 터를 닦았고, 많이 낮은 곳이면 방위에 맞추어 연못을 파기도 하였다.

집터를 마련하는 것은 그뿐만이 아니었다. 집터로 조금 부족한듯하면 담장을 두르거나, 그마저 충분하지 않다고 생각되면 이곳저곳에 돌을 가져다 놓아 부족함을 채우기도 하였다.

더욱이 집터로서 필요한 조건을 충분히 갖추게 하려고 필요한 곳에는 방위에 맞추어 집 주위에 이런저런 종류의 나무를 심는 것까지도 따져보았다. 이러한 모든 과정은 사람이 사는 집을 마련하는 일에 부족함을 보충하려는 비보(裨補)라는 철학적인 생각으로까지 발전하였다. 이와 같이 좋은 집을 짓기 위해 부족한 부분을 보충하는 것은 누구에게나 당연한 일이지만, 그런 생각을 체계적으로 엮고 다시 그것을 행동으로 옮기는 것은 누구에게나 생각처럼 그리 쉬운 일이 아니다.

예전에는 사람들이 집을 짓고 나면 집안은 물론이고 집 바깥에도 방향을 보고 알맞은 곳을 골라 이런저런 나무를 심었다. 나무들 가운데에서도 지붕보다 높게 자라는 나무는 마당이나 집 앞에는 잘 심지 않았다. 그런 나무는 당연히 햇빛이 집을 가리기 때문에 그리하였을 것이다. 또한 울안에는 몇 그루 과일나무를 심는 경우가 많았다. 과일나무는 점점 크게 자라 정원수의 구실도 하였고 또한 실생활에도 도움을 주었을 것이다. 이처럼 집 안팎에 나무를 심더라도 방위에 따라서도 그리고 기후나 지역에 따라서도 사람들이 즐겨 심는 나무 종류가 서로 달랐다. 예를 들자면, 남쪽 지방에서 잘 자라는 대나무는 뒤뜰 울타리로 많이 심었고, 북쪽 지방에서는 뒤란에 배나무를 심었으며, 서울지역에서는 오얏나무(자두나무)를 즐겨 심었다. 이렇게 집 안팎의 빈 공간에 감, 배, 사과, 대추, 앵두,

살구, 복숭아 등의 대표적인 과일나무를 돌아가면서 심었다. 그리하여 철따라 열리는 열매는 사람들에게 계절의 맛과 향기를 더해 주었다.

과일나무 가운데 앵두나무는 잔가지로 뻗어나 크게 자라지 않아 집안에 심기에 적당하며 그 열매도 영양가는 그리 높지 않더라도 별미로 먹을 수 있어 좋다. 밭에서 나는 것을 제외하고 나무에 달린 여름 과일이 대개 귀한 편이다. 그래서 여름 과일인 살구나 복숭아는 더운 여름철 생활에서 사람들에게 신선한 맛을 제공해주는 것으로 톡톡히 제 몫을 한다. 여러 가지 과일나무 중에서도 대추나무, 감나무를 집안에서 가장 많이 심는다. 이 나무들은 자라는 속도가 느리지만 20년쯤 키우면 제법 많은 열매를 딸 수 있어 생활에 큰 보탬이 된다. 잘 자란 감나무 한 그루에서는 감 수십 접을 딸 수 있으며, 커다란 대추나무 한 그루에서도 대추 수십 말을 딸 수 있어 좋다.

물론 이러한 과일은 단순히 먹기 위해서만이 아니라 조상을 모시는 제사상에 올리기 위해서라도 꼭 필요하며 더욱이 한약재로도 널리 쓸 수 있다. 이를테면 대추와 곶감이 빠진 젯상은 격식이 갖추어지지 않은 것이므로, 조상에 대해 상상할 수 없는 결례가 된다. 이와 마찬가지로 조상을 모시는 젯상에는 절대로 복숭아를 올리지 않는다. 왜냐하면 복숭아는 조상의 혼백을 쫓는 의미가 있기 때문이다. 그래서 복숭아나무는 집안에 심지 않았고 주로 집 바깥에 조금 멀리 떨어진 곳에 심는다. 또한 과일이 귀한 겨울철에는 주전부리처럼 먹을 수 있는 먹을거리가 풍부하지 못하다. 그러므로 곶감과 말린 대추는 어린아이와 어른들에게 훌륭한 영양 공급원이고 또한 별식이 된다. 더욱이 집밖 너른 땅에 감나무나 대추나무를 십여 그루만 심어두더라도 식구들의 영양 공급은 물론이고 부업으로도 제법 넉넉한 수입을 올릴 수 있기에 웬만한 집에서는 필요한 만큼 곳곳에 과일나무를 심어 생활에 이용한다.

한편으로 집 안팎이나 마을 주위에 심는 나무는 동서남북 방위에 따라 심는 나무 종류들이 다르다. 청룡, 백호, 주작, 현무로 일컬어지는 네 방위에 맞추어 나름대로 필요한 지형이 자리하고 있어야 좋은 터로 꼽는다. 그런데 이러한 조건을 다 만족시키지 못하는 경우가 많으므로 부족한 조건을 보충하는 방법으로 방위에 맞는 나무 종류를 골라 심는다. 이를테면 동쪽에는 복숭아나무나 버드나무를 심고, 남쪽에는 매화나무나 대추나무를 심으며, 서쪽에는 치자나무나 느릅나무를 심고, 북쪽으로는 사과나무와 살구나무를 주로 심는다. 이처럼 방위에 따라 심는 나무 종류가 다른 것은 그 나름대로 의미가 있다.

복숭아나무나 버드나무는 아침에 비치는 서늘한 햇빛을 좋아하고 또한 나무줄기가 엉성한 편이어서 그늘이 많이 생기지 않는다. 그래서 해가 뜨는 동쪽에 심어도 괜찮은 나무들이다. 이에 비해 매화나무나 대추나무는 햇빛을 좋아하므로 남쪽에 심어 많은 햇빛을 받도록 해야 한다. 또한 해가 지는 서쪽으로는 넓은 이파리를 가진 나무를 심어 석양의 햇빛을 가리도록 하는 것이 사람들이 살기에 좋다. 그래서 서쪽에는 이러한 목적으로 치자나무나 느릅나무를 심는다. 한편 북쪽은 다른 쪽보다도 훨씬 서늘한 기운이 강하다. 그래서 이러한 조건을 좋아하는 사과나무나 살구나무 자두나무를 많이 심는다.

오래 전부터 사람들은 이처럼 방위에 따라 집 안팎에 심는 나무를 달리함으로써 인공적으로나마 집터의 부족한 자연 조건을 보충하고 개선하려는 의지를 실행으로 보여주고 있다. 집 안팎으로 나무를 심거나 방위에 따라 돌을 놓거나 연못을 파는 등의 일을 풍수지리(風水地理)에서는 특별히 비보(裨補)라고 부른다. 이른바 부족한 부분을 보충함으로써 평안과 질서는 물론 넉넉함까지 갖추게 하자는 뜻이다. 그렇기 때문에 사람이 사는 집터를 잡는 것만이 아니라 보다 크게 본다면 마을을 가꾸려는 사람들의 의지까지 더해 마을의 부족한 부분을 보완하려는 것에서도 집터를 보완하려는 것과 같은 노력을 기울인다.

대체로 우리나라 기후는 계절풍의 영향을 받는다. 봄과 여름에는 남동풍이 많이 불고 겨울에는 대륙으로부터 차가운 북서풍이 많이 분다. 아늑하고 따뜻한 기운이 마을을 감싸도록 원한다면 방위에 따라 심는 나무 종류도 달리한다. 겨울철에 불어오는 차가운 북서풍을 막으려면 북서쪽에 비교적 큰 나무를 심는 것은 당연한 일이다. 북서쪽에 자리한 키 큰 나무는 차가운 겨울바람만 막아주는 것이 아니다. 이들 큰 나무는 여름철 더운 날씨에 해가 기우는 저녁나절까지 비치는 햇살과 함께 뜨거운 열기를 막아주는 역할까지도 한다. 그러기에 마을의 북서쪽에는 산뽕나무나 느릅나무를 많이 심고 경우에 따라서는 촘촘히 자라는 대나무를 심어 숲을 이루게 한다.

이처럼 옛 사람들이 방향에 따라 다른 종류의 나무를 심은 이유는 생각해볼수록 그 안에 깊은 의미가 숨어있다. 한 그루 나무를 심더라도 아무 뜻 없이 심은 것이 아니라 그 가운데에는 오래 전부터 우러나오는 삶의 지혜가 담겨있다고 보아야 한다. 옛날이나 지금이나 사람들이 살기 원하는 장소는 한결같다. 그리고 그러한 의지가 어떤 것인지를 밝히려는 노력은 그리 크지 않았다. 그러나 요즈음에 이르러 우리 전통과 문화에 관심을 갖고 그 안에 들어있는 삶의 지혜를 살펴보려는 시도가 서서히 일고 있다. 이른바 전통생태학이라는 이름으로 삶의 모습을 새롭게 해석해보려는 노력이 계속되어 반가운 생각이 든다.

나무를 심는 일은 한두 해로 간단히 끝나는 일이 아니다. 과일을 따먹기 위해서라면 사람들은 과실나무를 최소한 몇 년 동안은 수고하여 키워야 한다. 그뿐만 아니라 바람을 막고 햇빛을 가리도록 하기 위해서라면 제법 큰 나무로 자랄 때까지 보살피고 가꾸어야만 한다. 이처럼 오랜 시간을 두고 지켜보아야 하는 나무이기에 나무심기는 시간을 놓쳐서도 안 되고 또한 허비해서도 안 되는 일이다. 집터를 잡고 집을 짓자마자 바로 자리를 잡아 나무를 심어야 하고, 마을에서도 집이 들어서는 것과 함께 주위에 적당한 나무를 골라 심고 열심히 가꾸어야 한다. 그래서 사람들은 집을 아늑하게 하고 마을 전체를 편안하게 하려는 뜻에서 집과 마을 주위에 돌아가며 나무를 심고 가꾸었다. 이와 같이 나무를 심는 일은 게으름을 피워서는 안 되는 것이므로 나무를 심는 마음은 게으름에 대한 경고라고 보아도 좋다.

나무를 심는 마음의 첫 번째 이유를 게으름에 대한 경고라고 한다면, 그 다음으로 꼽을 수 있는 두 번째 이유는 자식을 사랑하는 마음이라 할 것이다. 나무를 심는 마음은 마치 자식을 키우는 마음과도 같기 때문이다. 이 세상에 자식을 사랑하지 않는 사람은 단 한 사람도 없듯이 단 한 그루 나무를 심고 가꾸더라도 그것은 자식을 아끼는 마음처럼 소중히 가꾸자는 뜻이 숨어있다. 그렇게 잘 키운 나무는 사람들에게 많은 열매를 맺어 생활에 도움을 주거나 필요한 때에 단단한 몸을 내주어 훌륭한 재목으로도 쓰게 해준다.

모두가 잘 아는 것처럼 옛 사람들은 집안에서 딸을 낳으면 울안이나 집 근처 적당한 곳에 오동나무 몇 그루를 심었다. 오동나무는 자라는 속도가 빠르고 벌레가 먹지 않고 또한 가볍기 때문에 가구를 만들기에 적당하다. 그래서 예쁘게 자란 딸

아이가 시집갈 때쯤이면 오동나무는 장롱을 짤 수 있을 만큼 충분히 크게 자란다. 오동나무는 한 해만 자라더라도 키가 훌쩍 크지만, 첫해와 두 해 정도는 훌쩍 자란 나무를 아깝더라도 눈 딱 감고 베어내고 다음해 새로 자라도록 키운다. 한해 두해 자라면서 뿌리가 튼튼해진 오동나무이기에 이듬해에는 더욱 힘차게 자란다. 오동나무가 새로운 힘을 얻어 씩씩하게 자라는 만큼 줄기에 마디나 옹이가 없이 쑥쑥 자라므로, 이렇게 자란 오동나무는 장롱을 만들기에 더 없이 훌륭한 재목이 된다.

이렇게 우리는 옛날부터 마당에 나무 한 그루를 심는 것도 자연의 순리를 거스르지 않고 사람의 도리를 생각하려는 보이지 않는 배려가 숨어있다. 그런데 우리는 요즈음 땅과 동떨어진 아파트라는 공간에 살다보니 나무 한 그루 내 손으로 심고 키우는 즐거움을 잊어버렸다. 정원에 나무를 심고 가꾸는 그리 많지 않는 사람들조차도 남의 것이 아닌 자신의 정원을 가꾸고 있다는 사실을 제대로 깨닫지 못하고 있는 형편이다. 왜냐하면 자신이 직접 나무를 가꾸는 것이 아니라 돈의 힘으로 사람을 사서 가꾸는 경우가 더 많기 때문이다. 이렇듯 나무를 가꾸는 것이 자신의 뜻에 따른다기보다도 경제적 활동으로 바뀌는 경향 속에서는 사람들이 자연의 순리를 제대로 이해하기가 쉽지 않을 것이다.

그래도 다행스러운 것은 뜻있는 지방 자치 단체에서 거리의 가로수로 소나무나 과일나무 또는 토종의 우리 나무를 심어놓아 보는 사람들로 하여금 자연에 보다 가깝게 다가간다는 생각이 들도록 배려하고 있다는 점이다. 다른 한편으로는 길가에 심은 가로수 한 그루라도 자신의 나무로 지정해주어 스스로 돌보고 가꾸도록 권장함으로써 사람들로 하여금 나무에 더욱 가까이 다가가기를 권장하고 있으니 그나마 조금은 위안이 되기도 한다. 물론 자신이 나무를 크게 가꾸어 장롱을 짜게 하는 것은 아니라고 하더라도, 사람들로 하여금 애완동물을 기르듯이 가까운 곳에서 자신의 나무를 기른다는 즐거움을 느끼게 할 수 있다면 그것만으로도 큰 삶의 보람을 느낄 수 있을 것이다.

나무를 가꾸는 마음

나무를 심는 마음은 자식을 낳는 마음이고, 나무를 가꾸는 마음은 자식을 사랑하는 마음과도 같다. 한 그루 나무를 심더라도 매끈하고 단단해 보이는 듬직한 묘목을 골라 심고자 하는 것이 사람의 마음이다. 이왕이면 다 자란 나무에서 열매를 얻을 수 있는 것이라면 더 좋을 것이다. 어떤 종류의 나무를 심을지 잘 모르더라도 너무 오래 고민할 필요는 없다. 왜냐하면 나무를 고르는 것보다도 나무를 가꾸는 것이 보다 더 중요하기 때문이다. 아마도 이러한 생각은 어떤 나무를 가꿀 것인가라는 문제를 두고 골똘히 생각하는 어린 자식에게 부모가 말해줄 수 있는 내용이다.

나무를 잘 가꾸기 위해서는 여러 가지 할 일이 많다. 이른 봄부터 싹을 틔운 나무가 잘 자라도록 밑거름을 넉넉히 넣어주고, 나무 주위에 돋아난 풀은 죄다 뽑아버리지 말고 적당히 어울리게 남겨두고, 떨어진 낙엽은 싹싹 쓸어버리지 말고 남겨두어 다음해 다시 거름으로 먹게 하고, 한겨울에 벌거벗은 나무가 너무 춥지 않게 싸주며 보살펴주어야 한다. 이처럼 봄부터 가을까지 알뜰히 보살폈건만 가을에 열매가 적게 열렸다고 탓할 필요는 없다. 나무를 탓하기 전에 하루에 한번이고 나무를 걱정하며 쓰다듬어 주었는지 조용히 생각해 보아야 한다. 세상의 모든 생각은 혼자만 하는 것이 아니라 모두가 소리 없이 서로가 나누는 것임을 알아채야 하는 것도 필요하다. 이처럼 생각하는 방법은 나무를 가꾸는 자식에게 부모가 들려주는 마음의 이야기일 것이다.

우리가 사는 것은 아침에 일어나 옷 입고 세수하고 하루 세 끼 밥을 먹고 하루하루 일을 하고 집에 들어와 저녁에는 다시 잠을 자는 일상적인 일과로 마감한다. 물론 하루하루가 모여 한 달이 되고 계절이 바뀌어 또 한 해가 저무는 일이 반복되어 세상을 떠날 때까지 삶을 살고 결국에는 일생을 마감하는 것이다. 어떻게 생각하면 우리의 삶이 자연을 잊어버리고 사람들 틈바구니에서 사는 것처럼 느껴지지만 어느 것 하나라도 자연을 벗어나서는 살 수 없는 형편이다. 그렇지만 나무는 하루 한 시라도 바람과 태양, 그리고 주변을 감싸는 공기를 벗어날 수가 없다. 바람이 일어 나무 잎사귀를 흔드는 것이나 나무가 움직여 바람을 만드는 것이 또한 마찬가지이기에 나무는 한시라도 바람과 함께 바람 속에서 숨을 쉬지 않고서는 살 수가 없다. 잠시라도 가만히 있지 못하고 이리저리 움직이는 사람보다도 한 자리에서 조용히 숨 쉬는 나무이기에 주변의 상황에 더욱 민감하게 반응하는 것인지도 모른다.

한해를 마무리하는 계절에 그동안 수고한 노력의 대가를 아낌없이 사람에게 나누어주는 나무는 사람들에게 어김없이 열매라는 선물을 건네준다. 나무에 열매가 많이 열렸을 때에 따는 것은 당연히 고마운 일이지만, 그래도 며칠만이라도 더 나무에 달린 풍성함을 온몸으로 보고 느끼며 즐기고 열매를 따는 것도 좋은 일일 것이다. 열매 하나라도 제멋대로 익는 것이 아니라 바람과 태양 그리고 햇빛이 빚어내는 도움으로 알맞은 때에 골고루 익는 것이다. 더욱이 나무에 달린 열매는 한 순간에 모든 열매가 한꺼번에 익는 것도 아니다. 그만큼 모든 주변 조건과 나무의 노력이 힘을 모아 열매를 만드는 것이기 때문이다. 어제 잘 익은 열매도 어쩌면 오늘이면 시들 수도 있는 것이고, 오늘 조금 부족한 것은 내일이면 더 잘 영글 수도 있는 것이다. 그러기에 나무는 시시때때로 알맞게 익은 열매를 많은 사람들에게 나누어주는 것이다. 그러기에 열매를 따더라도 자기가 먹을 만큼만 따고 나머지는 남을 위해 남겨두는 아름다운 마음도 가져야 한다. 이러저런 이야기도 나무에 빗대어 부모가 자식에게 들려주고 싶은 이야기이다.

　나무를 심을 때에는 대부분 어린나무인 묘목을 가져다 심기 마련이다. 흙속에서 씨앗이 싹을 틔워 어린나무로까지 자라는 동안 여러 가지 어려움을 겪었을 것이다. 그런데 이제 겨우 자리를 잡기 시작한 어린나무를 옮겨 심는 것이니 어린나무는 이제까지와 다른 엄청난 시련을 겪을 수밖에 없다. 새로운 자리에서 다시 뿌리를 내리고 곧게 자라 올라야 하는 일이 결코 만만한 일이 아니기 때문이다. 어린아이처럼 여린 어린나무를 심는 것이 어쩔 수 없는 일이기는 하지만, 어린나무를 생각하는 마음이라면 다시는 옮겨 심지 않도록 나무가 크게 자랐을 때를 생각하고 알맞은 곳을 골라 심는 것이 바로 나무를 심는 마음이다.

　위로 높게 자라는 나무일수록 뿌리를 튼튼히 내려야 하는 법이다. 그러기에 우리 눈에 보이는 큰 나무는 땅위에 보이는 줄기와 이파리만이 아니라 적어도 그만큼의 뿌리가 땅속에 퍼져있다는 것을 알아야 한다. 따라서 나무는 우리에게 눈에 보이는 것만 보여주는 것이 아니라 땅속의 뿌리처럼 우리 눈에 보이지 않는 부분이 있고, 보이지 않는 부분이지만 그것은 보이는 부분만큼이나 아니 그보다도 더 중요하다는 사실을 말해주고 있다. 더욱이 흙속의 나무뿌리가 부실하면 흙 위로 자라는 나무줄기와 이파리가 높고 크게 자랄 수가 없다. 그것은 마치 준비가 덜된 사람은 평생 동안 어려움을 겪으며 세월을 보내는 것과도 같다.

나무를 가꾸면서 나무 모양을 예쁘게 만든다고 가지를 자르지 않아야 한다. 나무는 나름대로의 살아가는 방법이 있다는 것도 알아야 한다. 나무가 위로 높이 자라는 것은 그만큼 더 많은 햇빛을 받기 위해서이다. 그러기 위해서는 나무는 더 많은 이파리를 가져야 하고, 또한 많은 이파리를 매달 수 있는 가지도 더 많이 뻗어야 하는 법이다. 어떤 나무라도 자신이 살아가는 방법을 알고 있는 법이다. 햇빛을 받기 위해 가지를 뻗고 이파리를 만드는 것이 모두 나무가 자라기 위해 노력하는 본성이라고 할 수 있다. 그러니까 나무가 가진 이러한 본성을 가로막지 말고 본성대로 자랄 수 있도록 북돋아주는 것이 필요하다. 그래야만 비로소 나무가 가진 본래의 모습을 지킬 수 있는 것이다.

나무가 자라는 동안에 어떤 것이 찾아오고 또한 어떤 것이 떠나가는지 지켜보아야 한다. 바람결에 꽃소식이 전해오면 어김없이 나무에 꽃이 피고, 이파리가 무성하게 어우러지면 새들이 찾아와 노래도 부를 것이다. 굵은 빗방울이 후드득 떨어져 이파리를 두들기면 나무가 움츠려들지만, 빗방울에 실려온 물기를 먹고 나무는 더욱 푸르고 싱싱하게 자랄 것이다. 나무를 가꾼다는 것은 오래도록 바라보고 뒤따라 일어나는 여러 가지를 것들을 생각하며 스스로의 마음을 가꾸는 것이다. 그리고 세월의 변화에 따라 조금씩 다가오는 내 마음의 변화—이를테면 사랑과 미움, 만남과 헤어짐 그리고 이런저런 아름다움과 멋—까지 생각하고 준비하는 것이 필요하다.

나무가 자라는 동안에 크고 작은 일들을 수없이 겪게 된다. 나무는 편안한 조건보다도 어려운 조건을 더 많이 만나고 그것을 견뎌 이겨내며 자라는 것이다. 그러니 가뭄이 들고 태풍이 분다고 해서 너무 걱정할 필요는 없다. 나무는 비바람과 눈보라 속에서도 더욱 굳세게 살아가는 것이다. 나무는 장마철이나 폭풍우 속에서는 쉽게 죽지 않고 잘 견뎌내지만, 오히려 화창한 날씨가 매일 계속되면 나무는 말라죽는 경우가 더 많다. 우리 생활도 큰 시련은 의외로 잘 이겨내는데 오히려 가벼운 고통을 더 힘겨워할 때가 많다. 나무처럼 생명이 있는 모든 것들은 살아가는 동안에 이리저리 흔들린다는 것을 잊지 말아야 한다. 우리의 생활도 흔들리는 나무와도 같이 아프고 흔들린다는 사실을 다시 한 번 생각해 보아야 한다.

나무를 심는 마음은 자식을 낳는 마음이고, 나무를 키우는 마음은 자식을 기르는 마음과도 같다. 모든 살아있는 것이 어렵고 힘든 일을 극복하고 살아가는 것처럼 나무는 물론이고 우리도 살아가는 동안에 여러 가지 어려움을 이겨내고 살아가기 마련이다. 하늘을 찌를 듯이 크게 자란 나무는 그만큼 많은 시련을 극복하고 자란 것이고, 세월의 무게를 이겨내고 자식을 키운 부모님도 갖은 어려움을 이겨낸 보람이다. 그러기에 누구나 한 그루 어린나무를 보더라도 그 모습만 볼 것이 아니라 나중에 다 자란 큰 나무를 보는 것처럼 이런저런 여러 가지 어렵고 힘든 과정을 따져보는 마음 씀씀이가 필요하다. 사람과 나무가 다 같은 생명체이기에 나무를 심는 마음은 바로 나무를 키우는 마음이고 또한 우리 자신을 생각하고 마음을 가다듬는 일인 것이다.

나무 이야기

사람들이 모여 사는 마을 입구에는 오래 전부터 큰 나무가 한두 그루씩 서 있어 지나가는 길손들의 휴식처로 이용된다. 큰 나무가 만들어낸 나무그늘은 먼 길을 걸어온 길손들에게 그동안 힘들었던 발걸음을 멈추고 잠시 쉬어가게 해주면서 새로운 힘을 충전시켜 준다. 뜨거운 햇볕을 받으며 길을 가는 사람들에게는 멀리서 바라만 보아도 쉴만한 그늘이 있고 목마름을 해소할 수 있는 우물이 가까이 있다는 안도감을 느끼게 해준다. 또한 마을 사람들에게는 큰 나무가 만든 그늘 아래에서 한낮에 일하다 잠시 쉴 수 있는 휴식처가 되기도 하며, 한가한 시간에는 마을 사람들이 한자리에 모여 앉아 서로서로 궁금한 이야기를 나누거나 마을의 중요한 일을 상의하는 회의장이 되기도 한다.

마을 어귀에 심겨진 큰 나무는 그저 단순히 덩치만 큰 나무로 서있는 것이 아니다. 자연의 능력을 경외(敬畏)하는 마을 사람들이 큰 나무가 지닌 큰 힘이나 능력을 믿을 때에는 그 힘에 의지하여 자신의 어렵고 힘든 생활에서 벗어나 편안히 살아가려는 바람을 얻으려 한다. 이처럼 마을 입구의 큰 나무를 마을 사람들이 생명의 나무로 생각할 때에는 이 나무가 마을의 상징이 되며 또한 이 나무는 신령한 나무로 대접을 받으며 당산(堂山)나무라는 이름까지 얻는다. 따라서 당산나무는 마을로 들어오려는 삿된 기운을 물리쳐주는 마을의 수호자 역할을 하게 된다.

마을의 수호자 역할을 하는 당산나무는 오래 자라면서 또한 크게 자랄 수 있는 종류를 골라 심는데, 주로 느티나무가 그 자리를 차지한다. 느티나무는 한자로 규목(槻木)이라고 하는데, 몇 백 년 이상을 거뜬히 살면서 큰 나무로 자라 사람들에게 넉넉한 자리를 만들어준다. 여러 마을에서는 오래 전부터 당산나무에 얽힌 신령스러운 이야기가 많이 전해온다. 당산나무를 향해 사내아이를 기원하면 남자아이를 얻을 수 있다거나, 느티나무가 밤중에 빛을 내면 동네에 좋은 일이 생기고, 나쁜 일이 생길 때마다 나무가 먼저 소리 내어 울었다는 등의 이야기들이다. 그래서 그런지 당산나무는 신목(神木)이라고도 불리고 다른 말로는 성황(城隍)나무라고도 불린다.

회화나무 이파리 모양은 언뜻 보아 아카시나무 이파리와 싸리나무 이파리를 반반씩 섞어놓은 것처럼 보이는데 이파리의 두께가 좀 더 두꺼워 짙은 초록색으로 보인다. 아카시나무나 싸리나무가 콩과식물에 속하듯이 회화나무도 마찬가지로 콩과식물에 속한다. 또한 콩과식물에 속한 등나무도 이파리 모양이 이들과 서로 비슷하고, 줄기에는 불뚝 튀어나온 나무혹이 많이 있다. 회화나무에도 가끔씩 등나무에 생기는 것과 같은 나무혹이 나타나기도 하는데 이 때문에 회화나무를 괴목(槐木)이라 부른다는 설명을 한다. 흙덩이를 괴(塊)라고 하니 나무혹을 괴(槐)라고 하는 것이 그리 이상할 것도 없다. 좀 더 나아가 한자인 괴(槐)를 중국에서는 '회'로 발음하므로, 여기에 꽃이라는 뜻의 '화'를 더해 '회화나무'라는 이름이 만들어졌다는 설명도 있다. 또한 우리는 회화나무를 줄여서 홰나무라고도 부른다는 것도 알아둘 만하다.

커다란 나무로 자라는 느티나무는 아무래도 집안에 심기에는 너무 큰 나무이다. 그러기에 느티나무는 마을 한 가운데 널찍한 빈터에 심고 가꾸거나, 또는 마을 어귀에 심어 크게 자라면 당산나무로 신성하게 여기기도 하였다. 이처럼 아주 크게 자라는 느티나무에 비해 회화나무는 그보다 크게 자라지 않으므로 사람들은 비교적 널찍한 집에서는 회화나무를 심기도 하였다. 더욱이 회화나무는 선비들이 가까이 두고 마음을 다스리는 나무이기도 하므로 사랑채 근처나 후원에 심고 가꾸기도 하였다.

마을 어귀에 심겨져 크게 자란 회화나무를 경우에 따라서 사람들이 신목(神木)인 당산나무로 이용하기도 했다. 어린아이들이 모여 놀다가 회화나무 근처에 가기라도 하면 어른들은 이를 볼 때마다 가로막았던 기억이 있다. 혹시라도 아이들이 회화나무에 가까이 다가가면 아이들에게 귀신이 붙을지도 모른다고 생각하여 어른들은 아이들이 나무에 가까이 다가서는 것을 막았을 것이다. 그런데 이와 또 다른 뜻으로 사람들은 회화나무를 멀리하기보다는 오히려 가까이하려는 경우도 있다. 회화나무는 선비를 상징하는 나무로 여겼기에 서원이나 사대부 집안에 일부러 심기도 하였다. 더욱이 회화나무 꽃이나 열매는 약재로도 이용하였는데, 회화나무의 꽃과 열매는 동맥경화나 고혈압 치료제 그리고 지혈제로도 쓰이는 약용식물이기도 하다. 이처럼 약재로도 쓰이는 신통한 효험을 가진 회화나무이기에 사람들은 어쩌면 이 나무를 귀신 붙은 나무라 불렀는지도 모르는 일이다.

마을 어귀에서 크게 자란 느티나무는 마을의 상징이므로 마을사람들이 당산나무나 성황나무로 이용하였다. 그뿐만 아니라 느티나무를 다른 말로 둥구나무라고 부르기도 하고 경우에 따라서는 정자나무라고도 부른다. 물론 이러한 나무 이름에 따라 쓰임새를 엄격히 구분하지는 않는다. 그렇지만 대체로 당산나무나 성황나무라고 부르면 그를 받드는 신앙적인 의미가 강하고, 둥구나무라고 부르는 것은 마을의 상징처럼 여긴다는 의미가 돋보인다. 이에 비해 정자나무는 마을 사람들의 휴식 공간으로 이용한다는 의미가 더 크다고 할 수 있다.

당산나무나 둥구나무 또한 정자나무처럼 이름이 서로 다르더라도 본래 한 종류인 느티나무는 암수의 짝을 이룬다는 뜻으로 두 그루를 심기도 하고, 아니면 한 그루만 심더라도 두 개의 큰 가지로 뻗어나게 하기도 하였다. 이렇게 느티나무를 한 쌍으로 가꾸는 뜻은 오래 전부터 마을에 전해오는 음양설을 수용하면서 나타난 결과라고 볼 수 있다. 다른 한편으로는 두 그루 느티나무를 심으면 나무끼리도 자라기를 경쟁하니 서로 빨리 자라도록 경쟁심을 부추기는 의미가 있을 것이며, 커다란 두 가지가 뻗으면 그만큼 그늘이 널리 퍼지는 효과가 나타나기 마련이다. 당산나무는 마을 지킴이로서 삿된 것을 물리친다는 의미로 더 많이 알려져 있지만, 그것만이 아니라 사람들에게 노동의 의미를 북돋아 풍작을 안겨줌으로써 사람들이 마을을 사랑하고 마을을 지키며 오래오래 떠나지 않고 살도록 한다는 또 다른 의미도 함께 들어있다.

느티나무는 살아있는 동안에도 좋은 일을 많이 하지만, 죽어서도 좋은 일을 더 많이 한다고 할 수 있다. 왜냐하면 사람들은 느티나무를 가장 좋은 목재로 쳐주기 때문이다. 목재로 이용하는 느티나무는 우선 단단하고 더욱이 무늬와 색상이 아름답기 때문에 여러 가지 가구를 만드는 데 이용한다. 예전부터 사람들은 느티나무로 지은 집에서 태어나 자라면서 느티나무로 만든 가구를 쓰다가 죽어서도 느티나무 관에 실려 저세상으로 가는 것이 꿈이었으니 느티나무를 얼마나 중요하게 여겼는지 충분히 짐작해볼 만하다.

느티나무가 아무리 좋은 나무라 하더라도 몇 가지 아쉬운 점이 있기는 하다. 우선 느티나무가 너무 강하기 때문에 집 짓는 목재로 널리 쓰기에는 한계가 있다는 점이다. 또 한 가지 아쉬운 점이 있다면, 그것은 느티나무가 다른 나무에 비해 성장이 느린 편이라 집짓기에 필요한 만큼 많은 양을 쉽게 확보하기가 어렵다는 점이다. 집을 짓기 위한 목재는 굵기는 물론이고 길이도 충분해야 한다. 그런데 느티나무만으로는 집짓기에 쓸 만큼 충분한 양을 확보하기 어렵다는 것이다. 그래서 느티나무 대안으로 떠오른 나무가 바로 소나무이다. 소나무는 느티나무의 단점을 보완하면서도 강도 또한 그에 못지않아 지금까지도 집 짓는 목재로 널리 쓰이고 있다.

생활 속에서 두루 쓰이는 목가구(木家具)에 아름다운 무늬·결을 가진 느티나무를 특별히 애용하면서 사람들은 이것을 용목(龍木)이라고 불렀다. 이것만 보더라도 사람들은 느티나무를 얼마나 각별하게 여긴 것인지 짐작할 수 있다. 또한 옛사람들이 많이 사용하던 목가구로 직육면체 모양의 궤(櫃, 또는 궤짝이라고도 부른다)가 있는데, 사람들은 느티나무로 만든 궤를 가장 좋은 것으로 생각했다. 지금도 궤 가운데에서도 나뭇결이 좋은 용목 통판 6쪽으로 만든 것이 아주 좋다는 뜻으로 <육통 궤목 반닫이>라는 말을 자주 쓴다. 그래서인지 궤를 만드는 나무라는 뜻의 궤목(櫃木)과 괴목(槐木)이라는 말의 발음이 서로 비슷하여 사람들이 이들을 혼동하여 사용하는 경우가 많이 있다. 아마도 궤를 만드는 궤목으로 느티나무를 많이 이용하는 것을 보고 느티나무를 괴목이라 부른 것이 아니었나 하는 생각이 든다.

한편 '귀신 붙은 나무'라는 뜻으로 사람들이 생각할 수 있는 나무는 귀목(鬼木)이라는 이름을 붙일 수 있다. 귀목이라는 것도 따지고 보면 비가 내리는 밤에 푸르스름한 빛을 내는 귀신 붙은 나무로 오래된 고목(古木)이거나 마을 어귀에 서있는 당산나무에서 가끔 그러한 현상이 나타나기도 한다. 그러기에 언뜻 생각해보면 귀신과 관련 있는 귀목은 느티나무를 일컫는 말일 것 같다. 귀목과 발음이 비슷한 나무로 괴목(槐木)이라는 이름의 나무가 있는데, 이는 회화나무를 일컫는 말이다. 여기에 덧붙여 귀목도 아니고 괴목도 아니면서 이들 이름과 비슷한 음가를 가진 궤목(櫃木)이라 불리는 나무도 있다.

궤(櫃)는 직육면체 모양의 목가구로 앞닫이이거나 윗닫이 형태의 가구를 말하는데, 요즈음에는 일반적으로 앞닫이는 반닫이라 부르고 윗닫이를 보통 궤라고 부른다. 그런데 이들 궤를 만드는 나무로 튼튼하고 무늬가 아름다운 나무재료로 느티나무가 손꼽힌다. 그러기에 사람들은 귀목이나 괴목 그리고 궤목이 서로 비슷한 발음이므로 서로를 확실히 구별하지 않은 채 혼동하여 부르는 경우가 많다. 특히 고가구를 다루는 사람들은 글로 적는 것보다도 말로 부르는 경우가 더 많으므로 아무래도 서로를 혼동하는 경우가 더 많다. 그러다보니 궤짝을 만든 나무가 느티나무가 아닌 회화나무를 일컫는 경우가 되고 또는 귀신 붙은 나무가 되기도 하니 이런 말을 듣는 사람들은 고개를 갸웃거리게 된다.

제주에서 나는 왕벚나무를 제주도말로는 사오기 나무라고도 부른다. 화산재가 많은 제주도 특유의 척박한 환경에서 자란 나무이기에 나무 재질도 특이하다. 더욱이 나이가 많은 나무를 널빤지로 켜서 부엌(정지)문이나 가구를 만들면 오래된 나뭇결이 세월의 무게와 자연스럽게 어울려 아름다운 모습을 연출한다. 게다가 제주도에서는 가구를 제작하는 데에 필요한 모든 연장을 갖추기 어려우므로 까뀌 하나만 가지고 나무판을 다듬기에 가구에서는 자연스러운 멋이 우러나온다. 이처럼 제주도에서만 나는 특이한 나무를 이용해 특별한 기법으로 만든 가구는 제주 특유의 독특한 멋을 드러낸다. 그래서인지 옛날부터 제주도에서 나는 나무로 만든 가구는 많은 사람들에게 특별한 사랑을 받고 있다.

　제주도의 특별한 사오기 나무 이외에도 제주도에서 자란 느티나무도 특별히 굴무기 또는 굴구미 나무라고 부르며 특별한 대우를 해준다. 느티나무는 우리나라 전역에서 자라는 나무이기에 내륙에서도 얼마든지 구할 수 있는 나무이다. 옛날부터 느티나무는 재질이 단단하기 때문에 가구를 만드는 데에 널리 이용하였다. 더욱이 느티나무로 만든 가구는 특별히 무늬가 아름답고 단단하기 때문에 많은 사람들이 즐겨 사용하였다. 그 가운데에서도 제주도에서 나는 느티나무는 나무가 자란 환경이 많이 다르기 때문에 나무가 드러내는 무늬와 나뭇결이 육지의 것과 많은 차이를 보인다. 그래서인지 제주도에서 자란 느티나무를 특별히 다른 이름을 붙여가며 독특하게 취급하며 그만한 대접을 하고 있다.

　특별히 제주도에서 만든 목가구(木家具)에는 무쇠로 만든 장석을 그리 많이 사용하지 않았다. 반닫이 하나를 짜더라도 나무 재질이 튼튼한 잡목을 사용하였기에 한번 판과 판을 연결하는 부위는 충분히 단단하므로 굳이 거멀잡이와 같은 무쇠장석을 사용할 필요가 없었다. 더욱이 판끼리 연결하는 부위는 사귀물림이라는 기법을 많이 사용했는데, 손가락 깍지 끼듯이 연결하는 것만으로도 좀처럼 떨어지지 않게 단단히 끼워 맞추었다. 다른 한 가지 이유를 더 찾아보면 제주도에는 바람이 많이 부는 것으로 유명한데, 이 바람 또한 소금기를 머금은 해풍이기에 무쇠장석은 아무래도 소금기에 약하므로 녹이 많이 스는 것을 막고자 아예 무쇠장석을 덜 사용했다는 설명도 가능하다. 여기에 한 가지 이유를 더 추가하자면 제주도 안에서는 아무래도 철 생산량이 부족했을 터이니 그만큼 쇠붙이를 사용하는 것조차 넉넉하지 않았을 것이라 그만큼 무쇠장석을 아꼈다는 설명을 덧붙일 수도 있다.

생명의 나무

요즘 사람들의 생활이 여러 방향으로 발전하면서 용도에 맞게 여러 가지 도구나 기구를 만들어 이용한다. 물건을 담는 그릇도 생활의 발전에 따라 다양한 모습으로 태어나 우리 생활 속에 자리하고 있다. 그릇은 안에 어떤 내용물을 담느냐에 따라 크기와 모양이 달라지기 마련이다. 그리고 그릇에 어떤 것을 담느냐에 따라 그릇을 만드는 재료가 달라지기도 한다. 우리가 액체 성분이나 고체 성분의 특정한 내용물을 담는다고 하더라도 그릇의 크기와 재질은 내용물의 특성에 따라 다른 그릇을 이용하기 마련이다.

요즘 생활 속에서 음료를 담는 그릇으로 널리 쓰이는 잔이 있다. 대부분의 잔은 도자기나 유리로 만들고 때로는 금속으로 만들어 사용하기도 한다. 특별히 나무로 만든 그릇도 있다. 나무로 만든 그릇은 다른 재료로 만든 그릇과 달리 안에 담은 내용물의 온도가 바깥으로 그대로 전달되지 않는다는 특징이 있다. 그래서 열을 전달하지 않는 용도로 써야하는 그릇은 대부분 나무로 만들어 사용한다. 그런데 나무는 물기를 흡수하는 성질을 가지고 있으므로 액체 성분이 아닌 내용물을 담기에는 좋지만, 내용물이 액체라면 나무그릇을 이용하기가 적당하지 않다.

나무가 물을 빨아들이는 흡수성을 억제하기 위해서는 물기를 멀리하는 소수성물질을 나무에 덧바르는 방법을 이용해야 한다. 그렇게 해서 나타난 것이 오래 전부터 선조들이 사용해 온 옻이다. 대부분의 나무는 나무 그대로인 생나무를 이용하는 경우가 많지만, 나무를 그릇으로 만들어 사용하고자 할 때에는 나무에 옻을 칠했다. 지금도 사람들은 옻을 옻이라 하는 것보다도 칠을 함께 붙여서 옻칠이라 부르는 경우가 더 많은 정도이다. 옻칠은 이처럼 우리 선조들의 생활 속에서 빼놓을 수 없는 기술의 하나이며 동시에 생활 속에서 나무와 함께 살아있는 생명체이기도 하다.

나무는 옻과 만나면 새로운 생명을 얻어 사람들의 생활 속에서 요모조모로 쓰이는 많은 그릇이나 가구로 탈바꿈한다. 우리가 하루라도 밥을 먹지 않고는 살 수 없는데, 밥과 반찬을 담은 그릇을 올려놓는 가구는 상이라는 가구이다. 사람은 자신이 먹는 음식을 그릇에 담아 먹지만, 그 그릇은 상에 올려놓고 먹어야 제대로 먹는 느낌을 받는다. 우리 선조들이 밥을 먹을 때마다 이용한 상은 거의 전부가 옻칠한 상이다. 그러기에 상은 당연히 옻칠한 것이어야 하고, 옻칠하지 않는 상은 마무리가 안 된 상이라고 생각할 수밖에 없을 정도이다.

옻칠한 가구는 상뿐만 아니다. 생활 속에서 두루 쓰이는 것으로 옷을 담아 보관하는 장롱이나 반닫이는 물론 물건을 넣어 보관하는 궤나 함 등의 가구도 한결같이 옻칠한 가구들이다. 가구라는 것이 생활에 필요한 물건을 담아 보관하는 것이 기본적인 역할이지만, 보관하기 위한 가구도 오랫동안 유지할 수 있어야 제대로 보관이 가능하다. 게다가 물건을 담아 보관하는 가구도 용도만 맞으면 되는 것이 아니라 이왕이면 아름다운 모습을 갖추면 더욱 바람직하다. 그러기 위한 방법으로 가구에도 옻칠을 해서 가구의 수명도 늘리고 가구의 모양도 아름답게 가꾸었다.

상을 비롯한 가구만 나무와 옻으로 만든 것이 아니라 경우에 따라서는 특별한 그릇도 나무로 만들어 옻을 칠해 이용하였다. 나무 그릇 가운데에는 액체를 담는 잔도 있다. 생나무가 아니라 옻칠한 나무그릇이라면 얼마든지 액체를 담을 수도 있다. 그것은 옻이 물기를 막아주기 때문이다. 대부분의 잔은 모양이 둥그런 원통 모양으로 안쪽이 파인 몸통에 고리 모양의 손잡이가 달려있다. 손잡이를 만든 것은 대부분의 잔은 재료가 도자기나 유리 또는 금속이기에 내용물의 온도가 바깥쪽으로 전달되어 손잡이 없이는 뜨거워서 잡을 수가 없기 때문이다.

　나무로 만든 잔에 옻을 칠한 칠기 잔은 모양도 다른 잔들과 다르게 만들 수가 있다. 원통의 안쪽을 파내고 옻칠을 한 것이라면 보통의 잔과 크게 다른 모양이 아니다. 다만 손잡이를 붙이지 않아도 되니 어찌 보면 연필꽂이처럼 보일 것이지만 말이다. 거기에 접시 모양의 잔받침을 만들어 더하더라도 보통의 잔 모양과 크게 다를 바가 없다. 그렇지만 요즘의 그릇이라면 자기만이 갖는 독특한 모양을 한 것이 사람들의 주의를 끌기 마련이다. 이른바 디자인이라고 해도 좋다.

　내가 우연히 보았던 칠기 커피 잔은 대부분의 다른 잔과 달리 원뿔모양의 독특한 모양을 하고 있었다. 물론 원뿔 모양이기에 여기 알맞은 받침으로 위쪽 일부가 잘려 아래쪽으로 파낸 원뿔 모양의 받침까지 갖추어 위아래 중간이 합쳐진 원뿔 모양의 디자인이었다. 더욱이 이 잔에는 다른 종류의 잔과 달리 손잡이가 없는 것이 특징이었다. 도자기 잔이나 금속 잔처럼 내용물의 온도가 그대로 전달되지 않는 것이 나무의 특징이기에 뜨거운 내용물을 담는 그릇이라 해도 굳이 손잡이를 따로 만들 필요가 없기 때문이었다. 이런 특별한 모양의 나무 그릇은 나무의 특징과 또한 옻칠의 장점을 결합시키고 여기에 새로운 감각을 가진 디자인까지 첨가하여 새롭게 태어난 그릇이라는 생각이 들었다.

　나무의 생명력은 따지고 보면 짧은듯하면서도 길게 이어지는 것도 있다. 길게 이어진다는 것은 시간에 대한 생각이 사람에 따라 다르겠지만, 그러한 생각은 늘 사람이 중심이 되므로 사람이 살아있는 시간을 기준으로 잡을 수 있다. 이를테면 사람의 수명보다 긴 시간은 오랜 시간이라고 볼 수 있다는 것이다. 그래서 사람이 평생 살다가 생을 마감하더라도 그 이상으로 지속되는 경우는 아마도 긴 시간이라고 보아도 무방할 것이다. 그래서 우리말에서 '대를 물린다.'는 말의 의미는 오랜 시간 동안 이어진다는 뜻과도 통하는 말이다.

아궁이에 들어가 불쏘시개로 이용되는 나무나 장작은 불이 꺼지면 그 수명을 다한다. 물론 나무로 불을 때 구들을 데워 방안을 따뜻하게 해줌으로써 잠시라도 나무가 가졌던 생명력을 연장하는 점도 있기는 하다. 그렇지만 나무에 붙었던 불이 꺼지면 자연스레 나무의 생명이 다한 것으로 보아도 좋다. 이처럼 나무는 자신의 몸에 간직했던 에너지를 불이라는 에너지로 바꾸어 내놓고 사라지는 셈이다. 그래서 에너지 전문가들은 외화를 주고 도입한 석탄과 석유 같은 화석연료를 직접 태워 나오는 복사열로 추위를 이겨내는 난방법은 가장 비효율적인 자원의 이용이라고 아쉬워한다.

나무가 불쏘시개로 이용되어 짧은 생을 마무리한다고는 하지만, 그렇지 않고 살아있는 나무보다도 더 긴 생명을 유지하는 경우도 얼마든지 있다. 나무의 긴 생명을 나타내는 말로는 '살아 천 년 죽어 천 년'이라고 하는 주목(朱木)을 꼽기도 한다. 주목은 높은 산에서 자라는데, 껍질은 붉은 색을 띠며 나무의 생명이 천 년을 가는 나무이다. 소백산 정상의 주목은 고사목이더라도 천연기념물이기에 그대로 남겨두어 죽어도 죽지 않고 서있는 나무이다. 물론 주목은 단단하고 아름답기에 건축재, 가구재, 조각 재료 등으로 사용하므로 그 생명은 죽어서도 거뜬히 천 년을 잇는다는 뜻이 들어있다.

나무의 생명이 한 줌의 재로 사라지지 않고 다른 용도로 탈바꿈을 한다면 얼마든지 나무의 생명을 길게 연장할 수 있다. 그 대표적인 예로는 오래된 건축물의 자재로 이용되면 몇 백 년은 거뜬히 이어갈 수 있다. 우리나라에서 가장 오래된 목조 건축물은 고려시대 말기에 지은 것이니 어림잡아도 천년은 내려온 것이다. 가깝게 보더라도 조선시대 후기에 만든 목가구들이 지금도 아름다운 모습을 뽐내는 것도 나무의 수명이 족히 몇 백 년은 지속된 것이다. 물론 나무가 건축재나 가구재 이 외에도 조각 재료로 이용된 것이라면 어쩌면 가장 오래도록 생명을 유지할 수도 있다.

부처님의 이상적인 모습을 새긴 것이 불상(佛像)이다. 불상을 만드는 재료는 가장 흔한 돌과 흙을 비롯하여 청동, 쇠 그리고 나무를 꼽을 수 있다. 금속 가운데에서도 금이나 은 같은 귀금속으로 불상을 만드는 경우도 있지만, 대부분의 경우에는 청동에 금을 바른 경우가 많고 이것을 우리는 금동불이라 부른다. 한편 나무를 재료로 불상을 만드는 경우도 많은데, 나무는 가볍고 다루기 편하다는 장점과 더불어 여러 가지 색깔을 칠

할 수 있어 오래 전부터 불상의 재료로 많이 이용하였다. 이처럼 나무로 부처님의 모습을 새긴 목불(木佛)은 당연히 경배의 대상이 되므로 그 생명력은 오래도록 이어갈 것이다. 이것은 마치 나무가 부처의 힘을 빌려 자신의 생명을 연장시킨다고 할 수도 있다. 이는 목불이라는 존재를 사람들이 함부로 훼손하지 않을 것이기 때문이다. 굳이 부처님이 아니더라도 마을 입구에 세워진 솟대와 장승도 마을의 안녕과 벽사(辟邪)의 의미를 나타내기에 마을 사람들의 보호를 받아 오래도록 자리를 지킬 수 있는 것도 모두가 마찬가지 이유일 것이다. 이렇게 나무를 재료로 해서 만든 목불이나 장승 그리고 솟대는 한낱 나무에 불과하지만, 이것이 어떤 모습으로 바뀌느냐에 따라 얼마든지 그 생명이 오래도록 유지될 것이라는 사실은 모두가 잘 알고 있다.

사람들이 사는 집을 짓는 데에도 기본적으로 나무와 흙과 돌이 쓰인다. 나무는 벽을 세우고 지붕을 받치는 쓰임새에 빼놓을 수 없는 존재이다. 기둥과 서까래 없이는 집을 지을 수 없기 때문이다. 이처럼 집을 짓는 과정에서 기둥 하나를 세우더라도 아무렇게나 대충대충 하지 않는다. 기둥 하나에도 정성을 들여 세워야지 튼튼한 집이 된다는 사실은 오래 전부터 사람들이 경험으로 알고 있다. 더욱이 궁궐처럼 오래도록 귀하게 대접받을 집을 지을 때에는 기둥 하나라도 방향을 잡아 세우는 노력을 기울인다. 나무가 자란 방향에 맞게 집터에서도 향을 맞추어 세우는 것이니 나무가 자란 방향 그대로 집에서도 같은 방향으로 기둥을 세우고자 하는 것이다. 집을 짓는 데에서도 별것도 아닌 것처럼 보이는 이러한 자그마한 노력을 한데 모으려는 것은 자연의 정기를 이어받고 흩트리지 않으려는 사람들의 노력이 들어있다. 여기에는 자연에서 얻은 재료로부터 비롯되는 자연의 생명력을 보다 많이 그리고 더욱 길게 이어가고자 하는 뜻이 들어있다.

흙으로부터 태어나 흙으로 돌아간다는 것이 우리 인생이지만, 우리보다도 더 오랜 세월을 이기고 말없이 버텨온 나무의 생명력은 그저 단순히 오랜 세월을 견뎌낸 것만으로 가볍게 보아서는 안 된다. 우리가 살고 있는 이 세상에서 우리와 함께 살고 있는 나무들이 우리에게 진솔한 생명의 이야기를 몸으로 들려주고 있다는 사실을 우리는 마음으로 깨달아야 할 것이다. 오늘날 우리가 이만큼 살 수 있는 것도 따지고 보면 모두가 자연 속에서 함께 살고 있는 모든 생명체들이 알게 모르게 서로서로 도와주는 삶이 있었기에 가능한 일이다. 그래서 우리는 자연 속에서 함께 살고 있는 모든 것들이 들려주는 아름다운 생명의 이야기에 귀 기울여야 할 것이다.